觀念伽利略01

生活中的基礎化學

化學

人人出版

前言

原子、元素和分子，乃至於週期表、離子鍵、有機化合物……。雖然在化學課堂上聽過這些用語，可能有不少人覺得那是跟自己八竿子打不著，屬於另一個世界的事情吧，但其實並非如此。

化學是解釋物質的結構與特性的學問，其研究成果在我們日常生活中隨處可見。例如，從每天使用的智慧型手機，到超商的塑膠袋、藥品，生活中經常大量使用的東西，都是基於化學知識製造出來的產品。可以說，若沒有化學，就沒有我們的生活。

本書會以「超圖解」的方法講解跟多種相關的化學現象。這本書最適合正在上國中或高中化學課的學生，或是學生時代沒學好化學的人。請盡情享受書中的樂趣吧！

觀念伽利略 01　生活中的基礎化學

化學

緒論

1. 世界由原子構成！

2. 原子的鍵結形成物質

3. 日常生活四周都是離子

4. 現代社會不可或缺的有機化合物

緒論

一聽到化學，想有不少人會覺得那是跟自己無關的艱深學問吧。實際上，化學經常出現在我們的生活之中的各種場景。前面的篇章會帶您認識何謂化學，並找出隱藏在生活周遭的化學。

化學是研究物質特性的學問

化學是由鍊金術發展而來

原子、元素、分子、週期表，以及離子鍵、無機化合物、有機化合物……。還記得曾在化學課堂上學過這些詞彙，不過有不少人完全不懂在講什麼吧。所謂的「化學」，究竟在談論什麼呢？

化學是研究世界上所有物質的結構與特性的學問。化學的英文chemistry，源自alchemy（鍊金術）。鍊金術是中世紀以前，嘗試將常見的金屬改變成金等貴重金屬的技術。鍊金本身雖然宣告失敗，但試錯學習的過程中（實驗精神）卻促進了化學的發展。

化學是日常生活上不可或缺的學問

我們生活周遭所有的物質都跟化學有關。而且，若明白物質的結構跟特性改變後，物質之間會發生什麼樣的反應，就能將該知識應用於許多技術上。**實際上，很多我們常使用的東西都來自化學知識。**

化學是我們生活上不可或缺且貼近生活的學問，接著一起來認識化學吧！

鉛筆筆芯與筆記本的結構

我們經常使用的鉛筆筆芯與筆記本（紙）的微小結構如圖所示。化學是研究上述物質之結構與特性的學問。

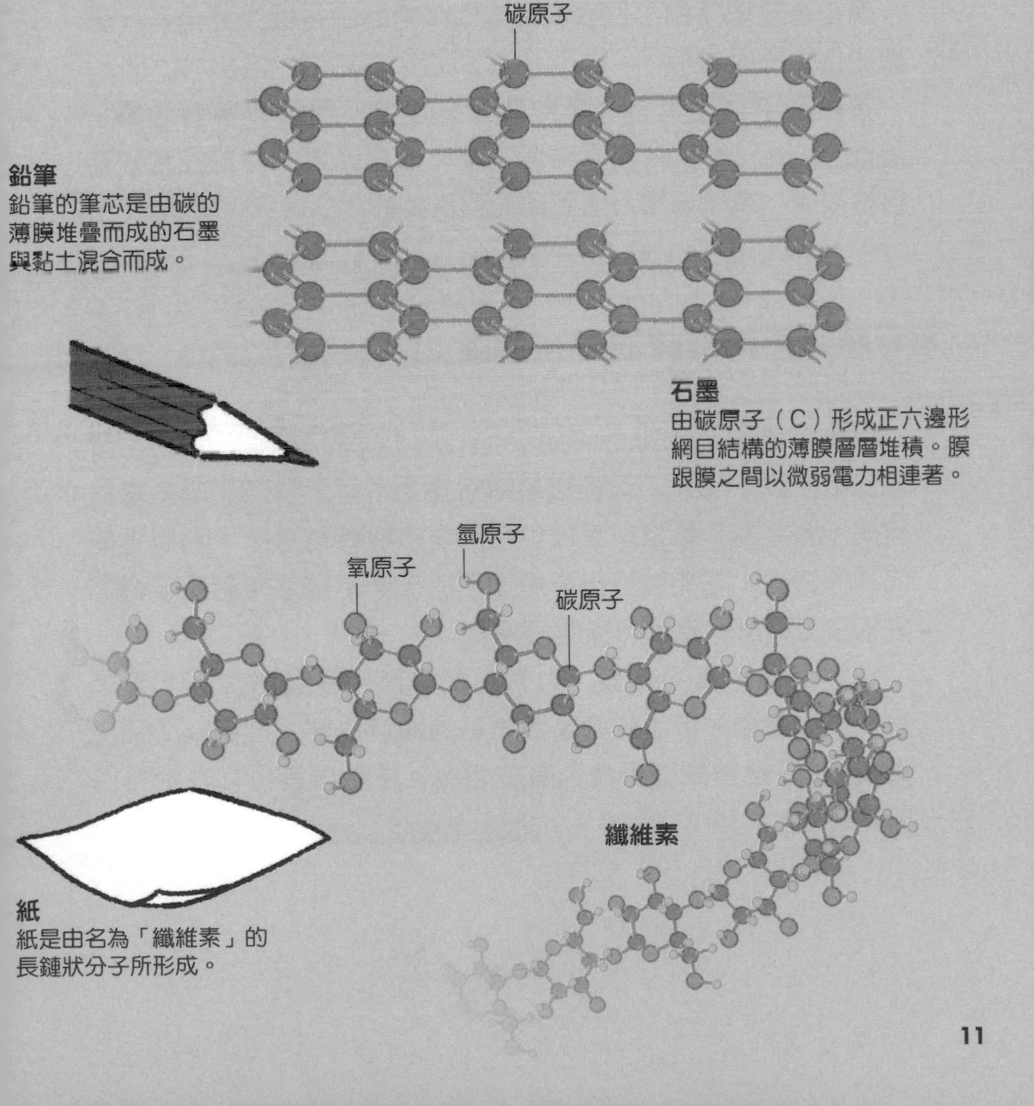

智慧型手機使用了多種稀有元素

智慧型手機的高性能全是稀有金屬的功勞

現在智慧型手機已是我們的生活必需品，裡面究竟含有什麼樣的化學原理呢？

智慧型手機會具有多重機能與高性能，全拜「稀有金屬」（rare metal）所賜。稀有金屬（稀有元素）是指在地球的存量很少，或是採集方法困難而具稀少性之金屬元素總稱。

家電產品不可或缺的稀有金屬

鋰離子電池（lithium-ion battery）的材料為鋰（Li），音響使用了釹（Nd），以及液晶顯示器上不可欠缺的透明金屬材料銦（In）等，智慧型手機也使用很多種稀有金屬。利用這些元素的特性，才能製造出智慧型手機。**而不僅是智慧型手機，家電產品更是一定含有稀有金屬。**

掌握稀有金屬的來源，也就掌握了現代產業的命脈。近年來，用於廢棄家電中的金屬跟微量的稀有金屬，被稱為「都市礦場」，包括智慧型手機及數位相機、揚聲器等，都在進行回收試驗。

智慧型手機中所含的元素

在此要帶領讀者認識組成智慧型手機零件的元素。智慧型手機有許多種元素，從碳跟鉛乃至於貴重的稀有金屬都有。

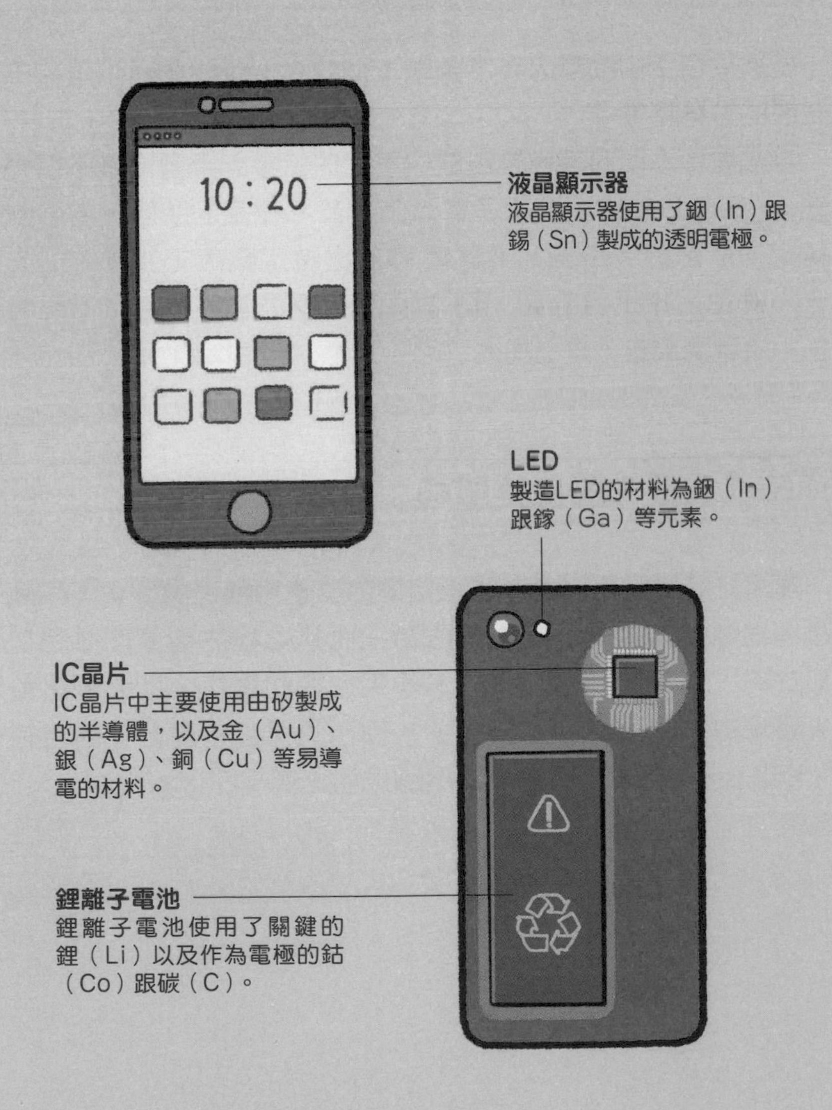

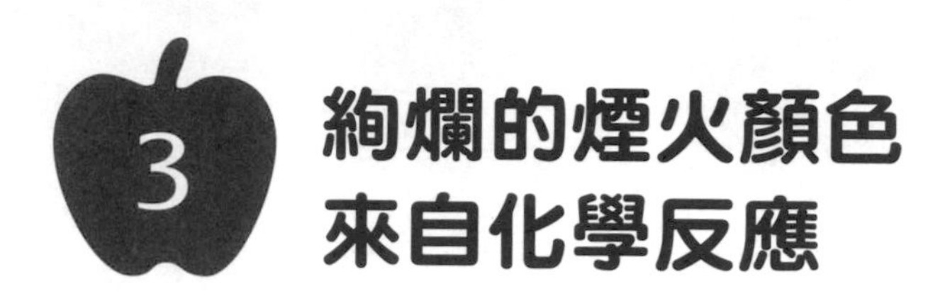

3 絢爛的煙火顏色來自化學反應

鋇為黃綠色，鈣為橘色

綻放於夜空中的煙火非常美麗，而煙火的繽紛色彩也是經由化學的力量產生。

煙火產生不同的顏色是由於「不同的金屬元素會放出不同光芒」。接收熱能的金屬原子會暫時處於不穩定的狀態，當回到穩定的狀態時，每個元素就會釋放出特定顏色（波長）的光芒。例如，鋇是黃綠色，鈣為橘色，鉀是紫色，各有不同特色。這種現象在化學上稱為「焰色反應」（flame reaction）。

江戶時代的煙火顏色很單調

煙火設計師會調配含有這些金屬的發色劑來產生許多不同顏色。日本開始有繽紛煙火是在明治時代之後的事了。據說在那之前，江戶時代的煙火並不像現在如此繽紛，以燃燒黑色火藥釋放出暗橘色的光芒為主。黑色火藥是指混合了硝酸鉀（KNO_3）、硫（S）、木炭等所製成的火藥。

繽紛的焰色反應

只要加熱金屬，金屬就會釋放出獨特顏色的光芒。這個現象稱為焰色反應。透過使用含有多種不同金屬的發色劑，就會產生繽紛的煙火顏色。

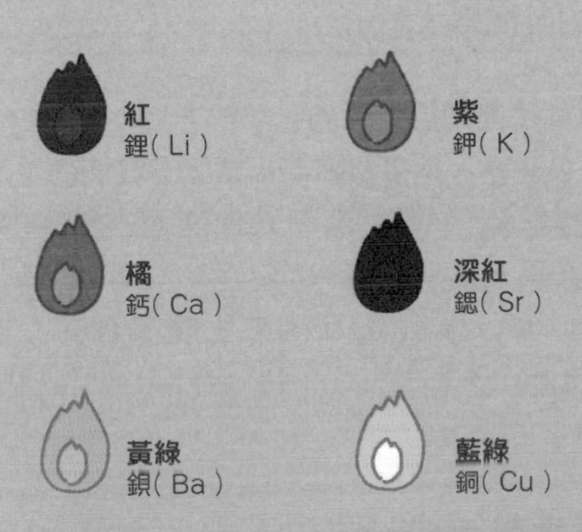

4 塑膠由「長鏈狀分子」構成

塑膠有許多不同種類

「塑膠」可說是最貼近生活的化學代名詞。包括牙刷、寶特瓶、塑膠袋、吸管等，眾多塑膠產品造就了我們的生活。

雖然通稱為塑膠，但在化學角度來看，還是有分門別類的。其中最具代表性的就是使用於生產塑膠袋的「聚乙烯」（polyethylene）及用來生產吸管的「聚丙烯」（polypropylene）。

由相鄰的分子連結而成

聚乙烯是由名為「乙烯」的分子製造而成。乙烯分子的 2 個碳用「2 隻手」鍵結，稱為雙鍵（double bond）。解開其中 1 對手就能跟相鄰的乙烯鍵結。如此一來，大量的乙烯就會不斷鍵結成長鏈般的聚乙烯。另一方面，聚丙烯則是將乙烯換成丙烯，不斷鍵結成長鏈般的聚丙烯。

塑膠幾乎不會自然分解。因此，塑膠垃圾造成了環境汙染的問題。

塑膠袋的結構

由乙烯製成的聚乙烯與由丙烯製成的聚丙烯分子結構示意圖。它們皆為一條長鏈狀的結構。

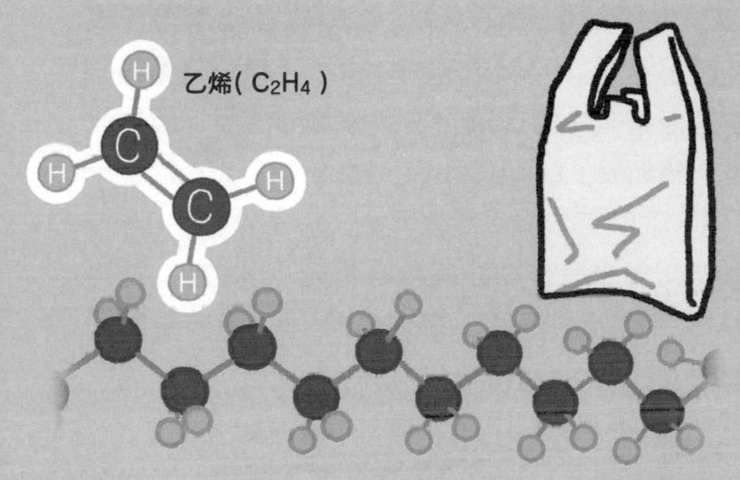

聚乙烯
大量的乙烯鍵結成長鏈狀的聚乙烯。除了用於超市跟超商的塑膠袋之外，也用於包裝用的塑膠膜。

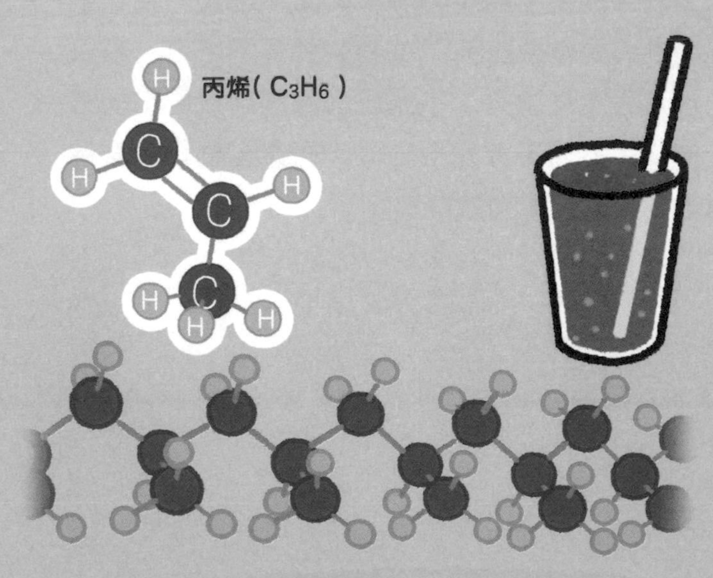

聚丙烯
大量的丙烯鍵結成長鏈狀的聚丙烯。除了用於吸管之外，也用於免洗湯匙、叉子、容器等。

開發中的生物降解塑膠

為了減少塑膠造成環境汙染，化學家近年來紛紛投入「生物降解塑膠」(biodegradable plastic)的研究，這是指能被微生物之類的生物分解的塑膠。最具代表性的是「聚乳酸」(polylactic acid)。

聚乳酸是將玉米等作物的澱粉轉化成「乳酸」，並將乳酸鍵結成長鏈狀的塑膠。聚乳酸被列為源自生物的「生物塑膠」(bioplastic)。

棲息於土壤中的微生物能分解聚乳酸。不過，為了要快速分解，必須要維持在60℃的特殊條件下才行。若只是埋在土裡或丟棄於海洋，不論經過數個月或數年的時間，這些塑膠大概都不會完全分解。**因此，化學家希望研發出更容易分解的生物降解塑膠。**

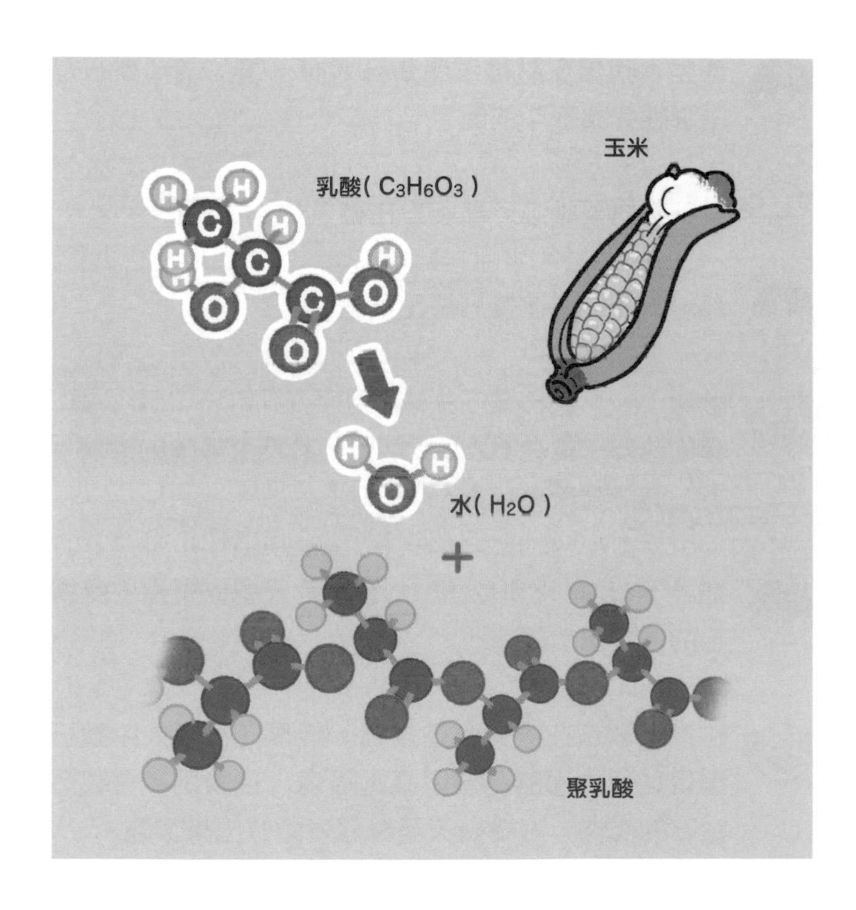
玉米
乳酸($C_3H_6O_3$)
水(H_2O)
+
聚乳酸

博士！
我有問題!!

請問要如何製造鑽石？

博士！我想在家裡生產鑽石大賺一筆，請問鑽石是由哪種元素形成的呢？

鑽石跟鉛筆筆芯一樣都是由碳（C）形成的。

那能不能從鉛筆筆芯做出鑽石？

唔嗯……。天然鑽石生成於地表下150～250公里深的地方。要在1000℃以上，數萬大氣壓的環境下，碳才會壓縮成鑽石。

地表下150～250公里！？看來我只能放棄當生產鑽石的億萬富翁了……。

雖然沒辦法在家裡製造鑽石，但現在很多人造鑽石重現地球內部的高溫與高壓環境，且滿足多種製造鑽石的條件，只要幾天至幾週就能做出來了喔。

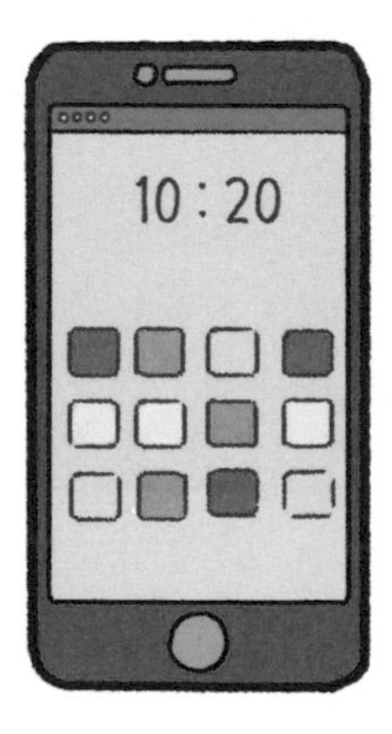
10 : 20

1. 世界由原子構成！

世界上所有的東西都是由原子構成的。原子非常微小，無法以肉眼觀察。第 1 章將帶領讀者一窺原子的面貌。

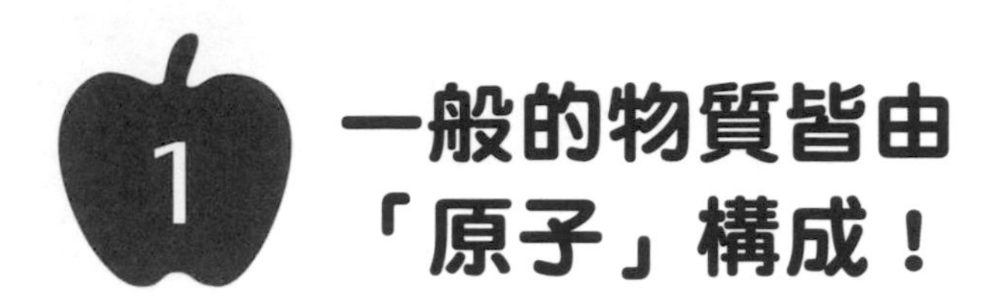

1 一般的物質皆由「原子」構成！

空氣、地球、生物全是由原子構成的

世界上一般的物質全都是由名為「原子」的微小粒子所組成。包括空氣、地球、生物，所有的東西都是原子構成的。於20世紀大放異彩的物理學家費曼（Richard Feynman，1918～1988）曾說了下述一段話。

假設今天發生了大災難，我們失去了所有科學知識，若只有一篇文章可以流傳至後代生物，那就是「所有東西都是由原子構成的」。

原子的大小僅0.0000001毫米

雖然平常可能感覺不到，理所當然地，人類本身也是原子的構造物。我們難以感受到原子的存在，是因為原子實在太小了。**原子的平均大小為1000萬分之1毫米。**將小數點後的零寫出來，即為0.0000001毫米。原子之於高爾夫球的大小，猶如高爾夫球之於地球的大小。

原子非常微小

原子的大小約為10^{-10}公尺（1000萬分之1毫米）。將高爾夫球擴大至地球大小時，原子就相當於原本高爾夫球的大小。

地球（直徑約1萬3000公里）

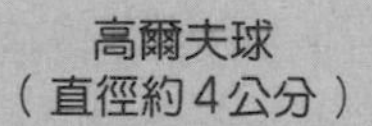

高爾夫球
（直徑約4公分）

高爾夫球

原子
原子（直徑約10^{-10}公尺）

原子是由原子核與電子構成

原子裡面有些什麼東西呢？

來仔細觀察原子吧。

原子是約10^{-10}公尺的微小粒子。**中心有一顆「原子核」(atomic nucleus)**。原子核是由帶正電的「質子」(proton)與電中性的「中子」(neutron)所構成。原子核周圍圍繞著帶負電的「電子」(electron)。質子數等於電子

氫原子跟氧原子的結構

每種原子的種類（元素）皆由質子數決定，氫原子有1個質子，氧原子有8個。每個原子都各自有與質子數相同的電子數。

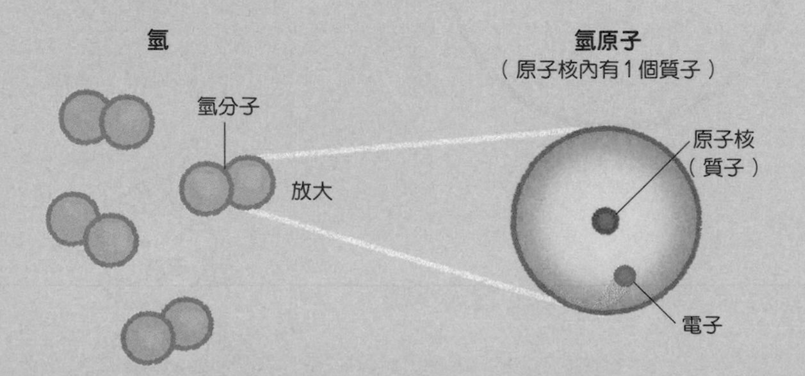

數，一個原子整體而言會呈現電中性。

原子的種類決定於質子的個數

原子有許多不同種類，如氫原子（H）跟氧原子（O）等。這些原子種類（元素）是由什麼決定的呢？答案是原子核內質子的個數。例如氫原子含有 1 個質子，而氧原子含有 8 個質子。像這樣，**原子種類不同，質子數也隨之而異。**

各個元素的質子數稱為「原子序」（atomic number）。氫原子的原子序為 1，氧原子的原子序為 8。

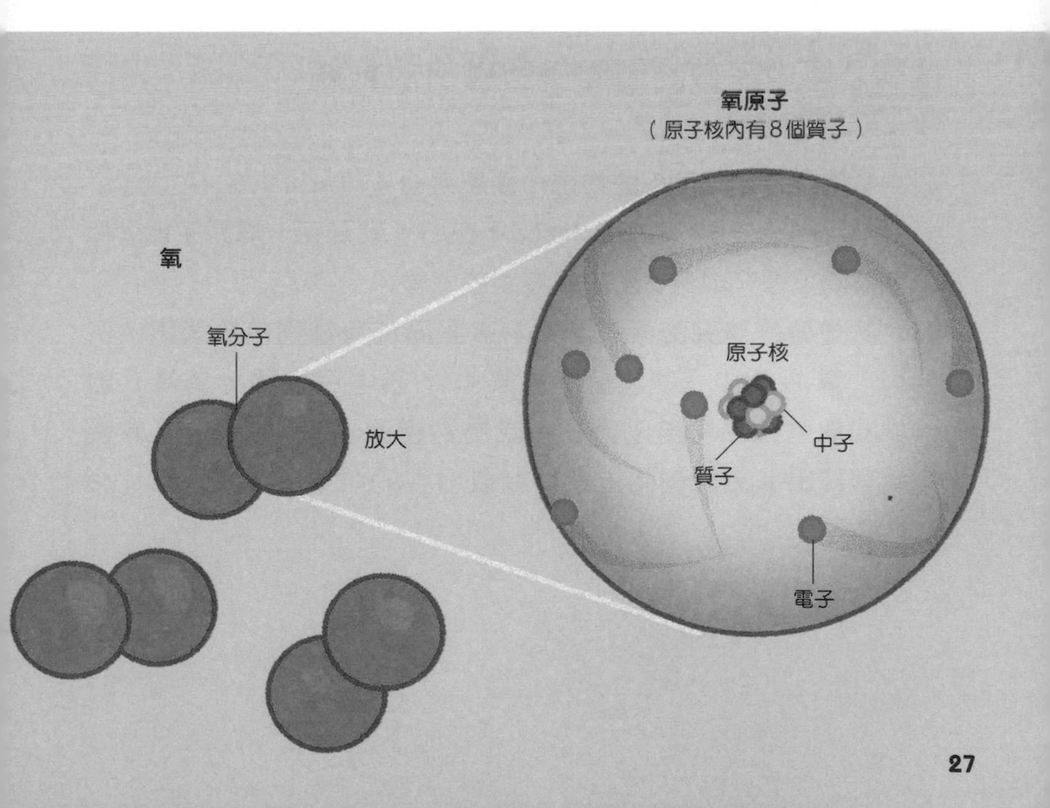

3 氫原子有輕重之分

質子數雖同，但中子數相異

構成原子核的質子數在每個元素上是固定的。**但中子數未必如此。**以氫原子（H）為例，質子固定是 1 個，但中子有 0 個、1 個、2 個等 3 種。雖然同樣是氫，但中子數愈多，重量會愈重。像這種情況，原子序（質子數）相同，中子數相異的原子稱為「同位素」(isotope)。

含有2個中子數的氫原子會釋出放射線

發現同位素的是英國物理化學家索迪（Frederick Soddy，1877～1956）。索迪在1910年左右，發現有一群原子化學特性雖同，但其中有一部分會釋出放射線。

就像索迪研究的原子之中，有些同位素會釋出放射線。例如，有 2 個中子的氫原子，其中 1 個中子會釋出稱為 β 射線的放射線並轉變成質子，成為別種原子核（氦 3）。像這種會釋出放射線的同位素稱為放射性同位素（radioactive isotope）。

氫的同位素

插圖顯示 3 種氫的同位素。每一種的質子數皆同，但中子數卻各異。這 3 種之中只有氚是放射性同位素。

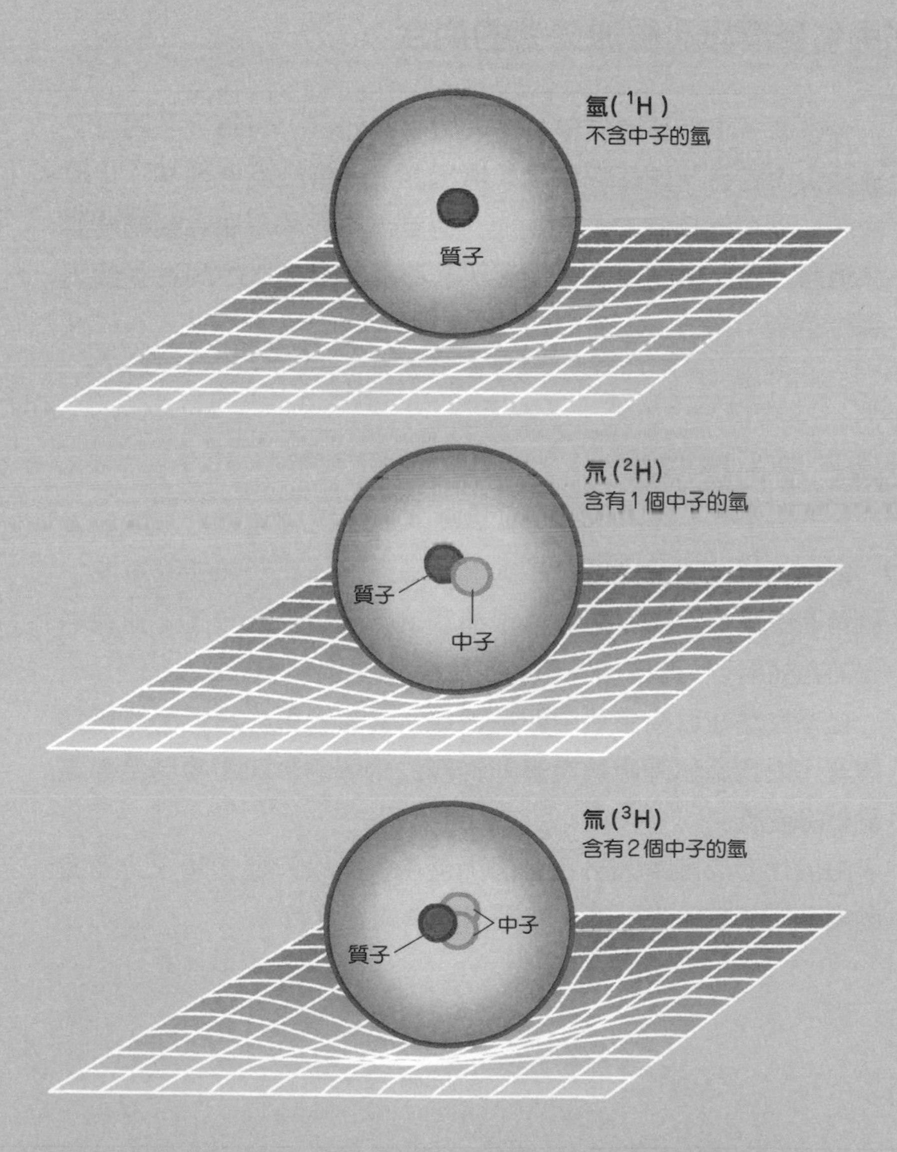

原子碰撞會產生「化學反應」

利用化學反應了解原子間的組合

有時原子跟原子碰撞會結合成分子。而且，有時分子跟分子碰撞後會結合，並在撞擊之下釋出原子。這類反應稱為「化學反應」（chemical reaction）。**只要發生化學反應，使構成分子的原子組合發生改變，便可形成跟反應前截然不同特性的別種分子。**

燃燒也是化學反應

舉例來說，只要將氧分子跟氫分子混合並給予熱能或電能，就會產生爆炸反應，並形成跟氫和氧不同特性的分子，稱為水（如右插圖）。這種反應也屬於化學反應。

化學反應在日常生活中四處可見。**例如物質的燃燒跟氧結合等等，就連我們呼吸將氧吸入體內並分解體內的葡萄糖全都屬於化學反應。**

由於化學反應是因分子碰撞而產生，所以只要加熱，分子運動變激烈就會開始反應，或是讓反應加速進行。

水分子的形成

只要混合氫分子（H_2）與氧分子（O_2），並給予光能或熱能，分子之間就會碰撞並產生化學反應，形成新的水分子（H_2O）

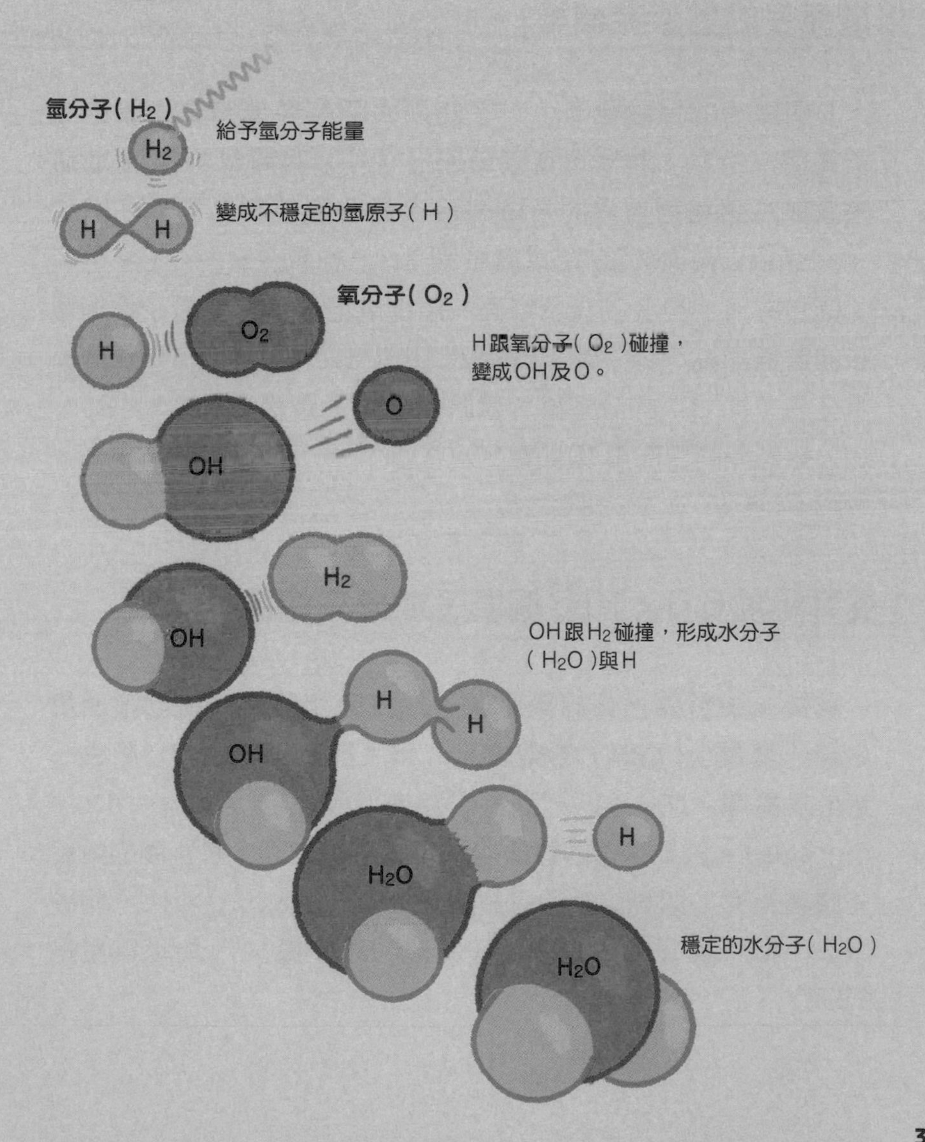

5 用「莫耳」代表巨量的原子與分子！

以碳原子的質量為標準

1 個原子的質量極微小，因此用實際的數值來表示質量並不實用。所以，**科學家定義碳原子（C）的質量為12，並將各原子採用相對質量的方法表示。**這個數值稱為「原子量」（atomic weight）。所以氫原子（H）的原子量為 1，氧原子（O）為16。分子的表示方面，將構成分子的原子原子量加總後的數值即為「分子量」（molecular weight）。例如要計算水分子（H_2O）的分子量，氫原子的原子量有 2 份（1×2），加上氧原子的原子量16即為18。

1莫耳等於6.0×10^{23}個原子或分子集團

此外，由於要一個個數清原子或分子太困難，所以會使用名為「莫耳」（mol）的單位。1 莫耳等於6.0×10^{23}個原子或分子集團，6.0×10^{23}稱為「亞佛加厥數」（Avogardro's number）。只要有這個數量的原子或分子集團，該集團的質量（質量為克）即等於其原子量或分子量。例如6.0×10^{23}個碳原子，即 1 莫耳的碳原子，因為碳的原子量12，所以質量是12克。

原子量與分子量

定義碳原子的質量為12克時，原子或分子的相對質量分別稱為原子量與分子量。只要有6.0×10^{23}（亞佛加厥數）個原子或分子集團，其質量（克）就會等於該原子量或分子量。

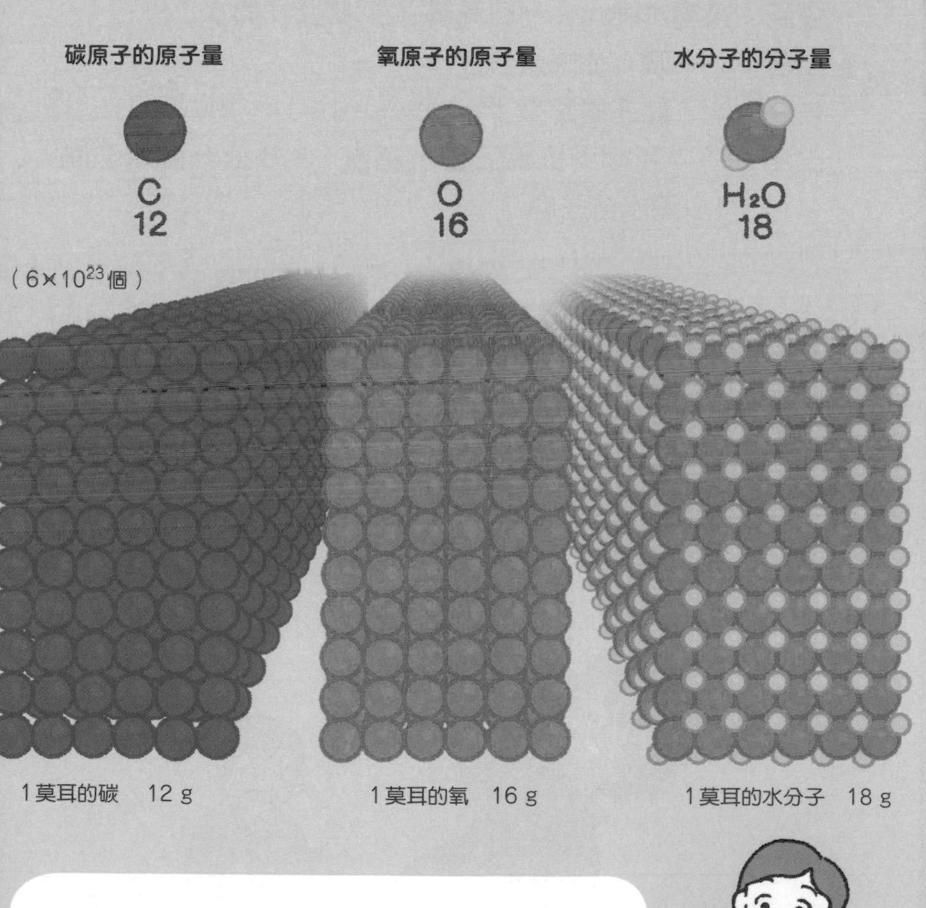

計算原子個數時，要以6.0×10^{23}為單位。

來計算莫耳數吧

山田跟佐藤為高中 1 年級的學生。2 人皆參加田徑隊，由於要進行長距離練跑，所以正在跑校園 50 圈。

山田：喉嚨快渴死了啦～

佐藤：來喝水吧！（一口氣喝了 1.8 公升的水）

山田：……喂！你喝太多了！

佐藤：唔！肚子痛起來了……。

山田：所以我剛不是說了嘛？話說，1.8 公升的水含有多少個水分子啊？

Q1

1.8公升的水含有多少個水分子呢？另外，水分子的分子量為18，1 公升的水為1000克。

過了 1 個小時，山田跟佐藤總算練跑完了。山田跑得喘不過氣，為吸取氧氣，所以使用了氧氣罐。

山田：呀～吸了氧氣，舒服多了。

佐藤：你跑得太認真了啦！

山田：話說，這個罐子好輕，裡面真的裝有氧氣嗎？

佐藤：瓶身標示上有寫氧氣含量 0.5 莫耳喔。

Q2

新買的氧氣罐裝有 0.5 莫耳的氧氣，請問重量為幾克呢？另外，氧分子（O_2）的分子量為 32。

莫耳問題的詳解

A1

6×10^{25}個

23

$6\times1000000000000000000000000$

1莫耳

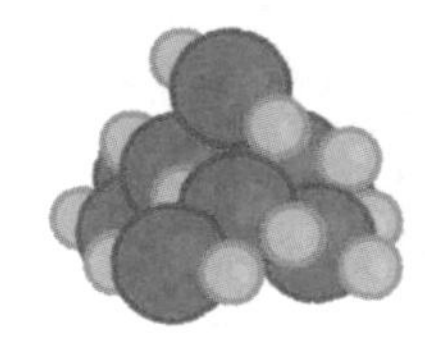

$\times 100 = 6\times10^{25}$

1莫耳水分子（H_2O）的重量為18克。1.8公升的水重量為1800克，所以1800克除以18克等於100。因此1.8公升的水含有100莫耳的水分子。1莫耳為6.0×10^{23}個，所以100莫耳的水分子數為$6\times10^{23}\times100=6\times10^{25}$個。

A2 16克

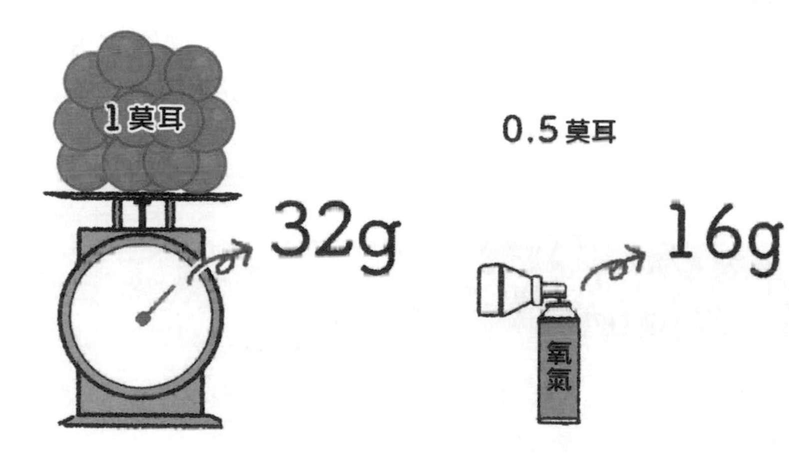

氧分子（O_2）的分子量為 32。意即，1 莫耳氧氣為 32 克。新買的氧氣罐中裝有 0.5 莫耳的氧氣量，所以可算出質量為 0.5×32＝16 克。

山田：下次跑步要好好斟酌配速！

看週期表就能明瞭元素的「個性」

歷經150年，週期表形成現在的模樣

本篇起要來認識週期表。**週期表是將許多不同種類的元素依各自特性分類的表格。**因此，同一縱列（族）的元素具有類似的化學特性。週期表是1869年由俄國化學家門得列夫（Dmitri Mendeleev，1834～1907）所發明的。直到現在，隨著新元素的發現，週期表也逐漸完備。

現在的元素週期表

期表是按照原子序（質子數）大小排序的彙整表。縱列稱為「族」，橫列稱為「週期」。同族元素的化學特性相似。

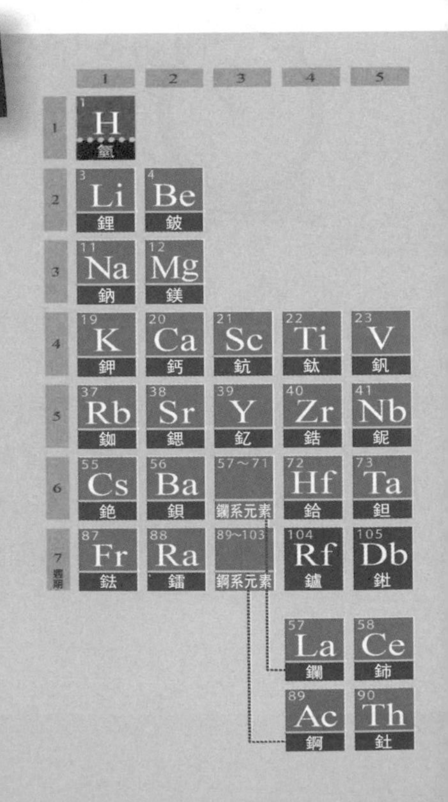

歸類於「金屬」的元素

歸類於「非金屬」的元素

註：104號之後的元素特性不明

…… 單質為氣體的元素（25℃，1大氣壓）

〰 單質為液體的元素（25℃，1大氣壓）

—— 單質為固體的元素（25℃，1大氣壓）

現在已發現的元素數量有118個

1890年代，科學家陸續發現新元素。由於這些元素跟當時已知元素的特性不同，化學家很苦惱要將新元素排在哪個位置。但是，後來他們發現透過增加新的列或屬，就能排進週期表了。

之後每當發現新的元素時，都會引起熱議，並逐漸填滿了週期表。**到2019年11月，元素增加至118個。**

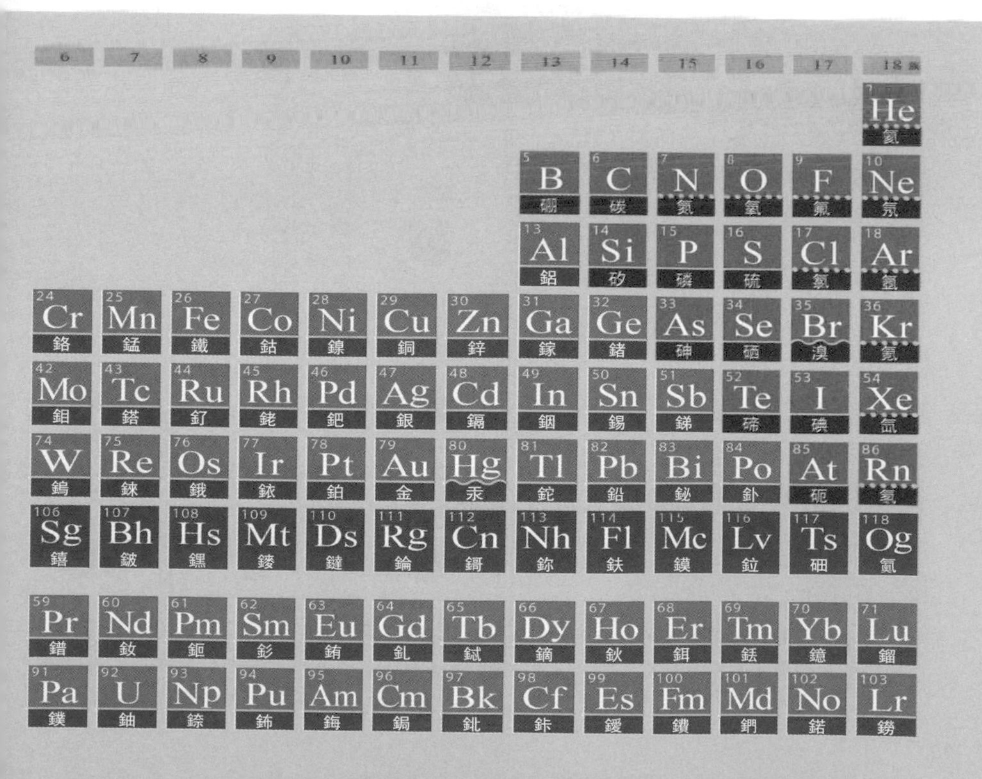

最外殼層電子會決定元素的特性

電子能填入的「座位」數是固定的

20世紀以來，科學家逐漸明白元素會有化學特性的原因是因為「電子」。電子分散圍繞在原子核周圍的「電子殼層」（electron shell）上，電子殼層由內側向外依序命名為「K層」、「L層」、「M層」……等。而且，電子殼層各有其固定的「座位」數，**如K層有2個座位，L層有8個座位，M層有18**

外側電子會決定元素特性

週期表上同一縱列（族）的元素，具有相同數量的電子數（價電子）。因此，同族的元素會顯示出類似的特性。由於1～17族的最外殼層有空位，會發生多種不同的反應。而18族（惰性氣體）的最外殼層沒有空位，幾乎不發生反應。

1族

2族

13族

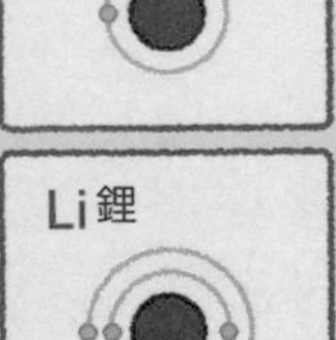

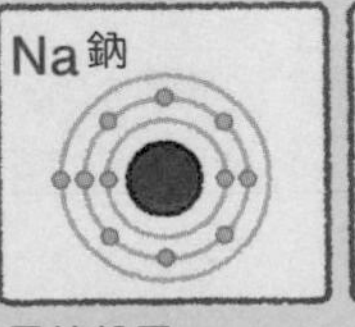

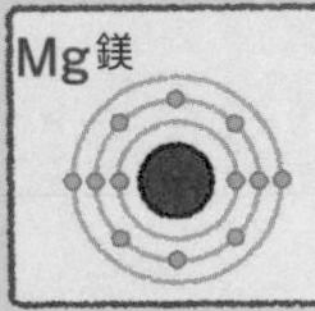

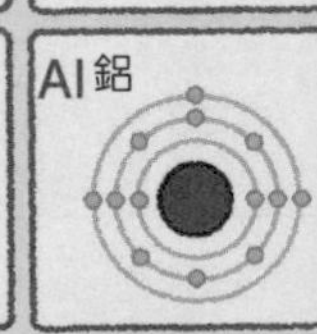

最外殼層有1個電子（價電子數…1）

最外殼層有2個電子（價電子數…2）

最外殼層有3個電子（價電子數…3）

個座位。電子基本上是由電子殼層內側依序向外填入座位。

最外殼層電子就是發生反應的起因

圍繞在原子核周圍的電子中，位於最外側的電子殼層（最外殼層），就是會跟其他原子或分子發生反應的肇事者。因此，**原子的化學特性會大幅受到最外殼層電子數的影響。**

這裡請讀者看一下週期表（如下圖）。相同縱列（族）的元素，最外殼層電子數皆相同。因此，同族元素的化學特性會非常相似。除了18族之外，其他原子的最外殼層電子跟化學反應有密切的關係，稱為「價電子」（valence electron）。

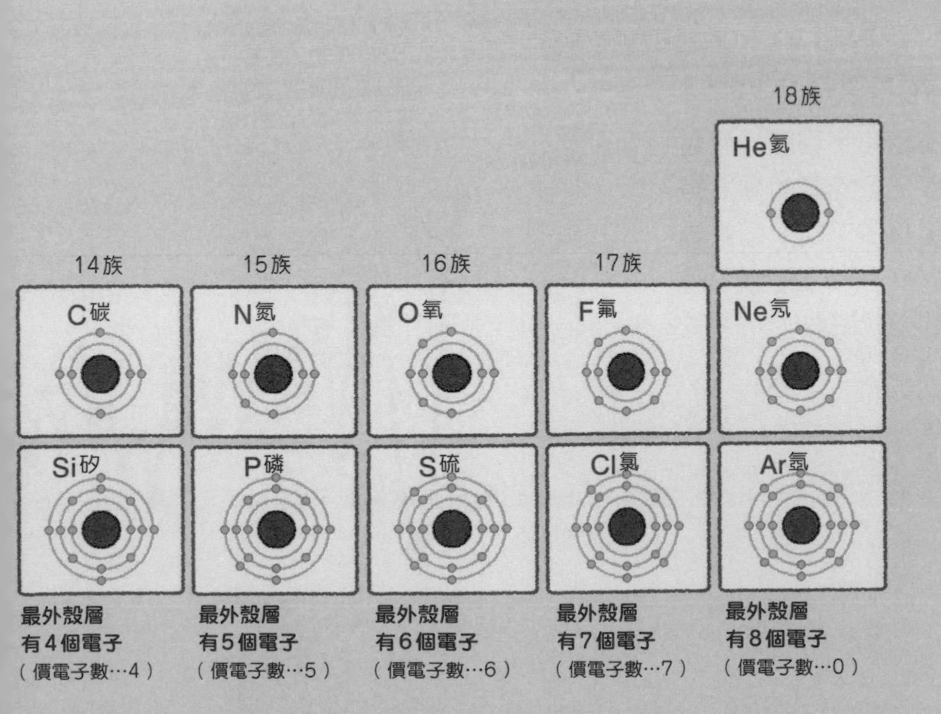

宇宙的元素有99.9%是氫跟氦

隨著原子序增加，豐度會愈小

週期表列有118個元素。其中，自然界存在量最多的是哪些元素呢？

下圖為存在於宇宙中原子個數的比例圖。橫軸為原子序，縱軸為豐度（相對個數）。縱軸的每一個刻度代表增加10倍，所以有些元素的刻度多少會跟實際上有大幅出入。這張圖顯示了

豐度呈折線圖

右圖為宇宙的元素豐度。各元素的豐度是定義矽（Si）個數為10^6（100萬個）時的相對個數。

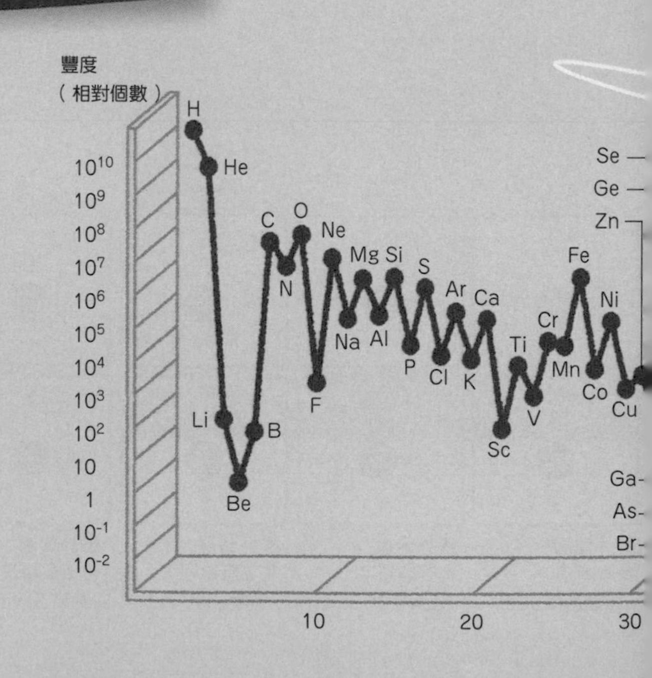

兩點重要訊息，**第一點是氫原子（H）跟氦原子（He）遠多於其他元素，隨著原子序增加，豐度會愈小。**氫原子跟氦原子的占比多達99.9%。

質子數為偶數的元素多於奇數的質子數

第二點是豐度呈折線分布。質子數為偶數的元素會多於奇數質子的元素。這是因為若有無法配對的質子時，原子就容易產生變化，2 個質子形成 1 對會比較穩定。所以宇宙中元素存在的量會受到質子特性的影響。

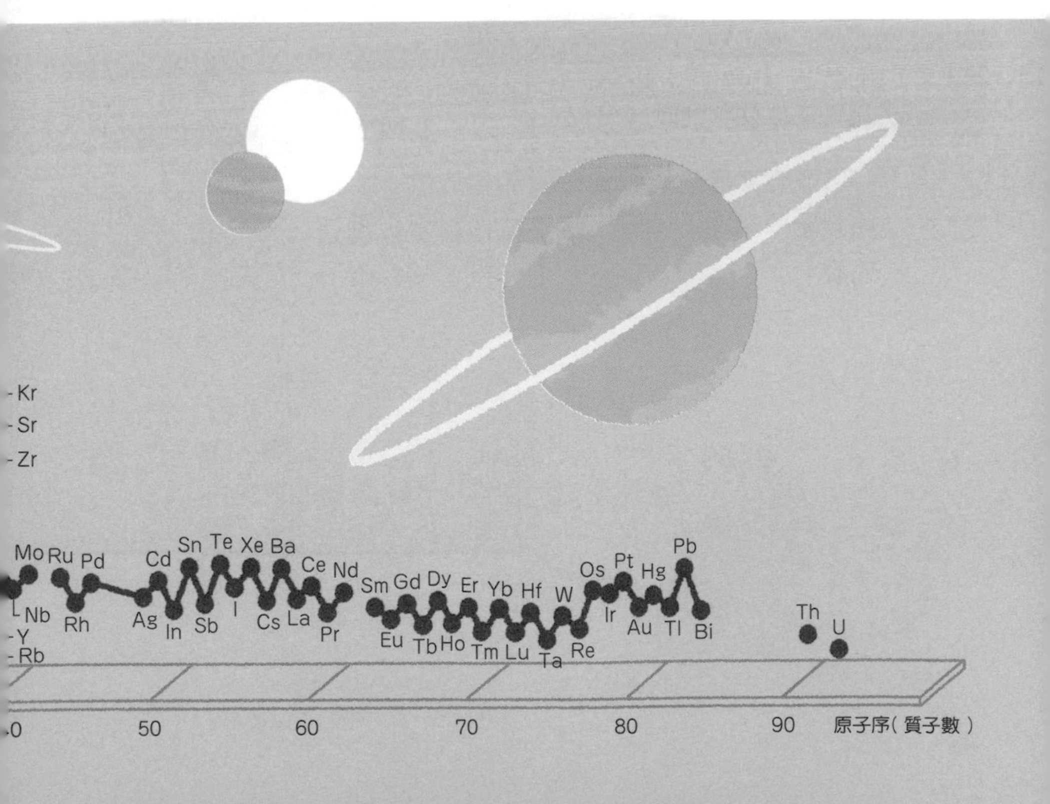

9 我要人工合成新元素！

93號之後的元素不存在於自然界

排列於週期表上的118個元素中，93號以後的元素不存在於自然界，都是人工合成出來的。能夠人工合成元素，是因為有稱為「加速器」（accelerator）的實驗儀器，可提供電能，使電子、質子、原子核等加速，讓它們發生碰撞。使用加速器加速原子核，使原子核之間碰撞並融合，便能創造出新的元素。

113號元素的合成

113號元素是由鋅跟鉍碰撞而生成的。113號元素只存在一瞬間，很快就會衰變成別的元素。

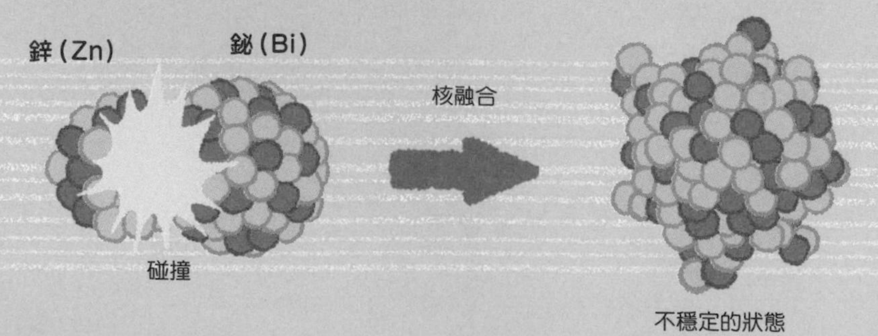

認定為新元素的第113號元素：鉨

2015年12月，由日本發現的113號元素通過了新元素的認定。113號元素是透過鋅（Zn）跟鉍（Bi）碰撞所創造出來的。發現者是日本理化學研究所的森田浩介（1957～）博士研究團隊，他們成功合成了3個113號元素的原子。

研究團隊的這項成果獲得認可，也由專門審核新元素的IUPAC（國際純化學暨應用化學聯合會）核可為發現者，得以將113號元素取名為「鉨」（Nh）。

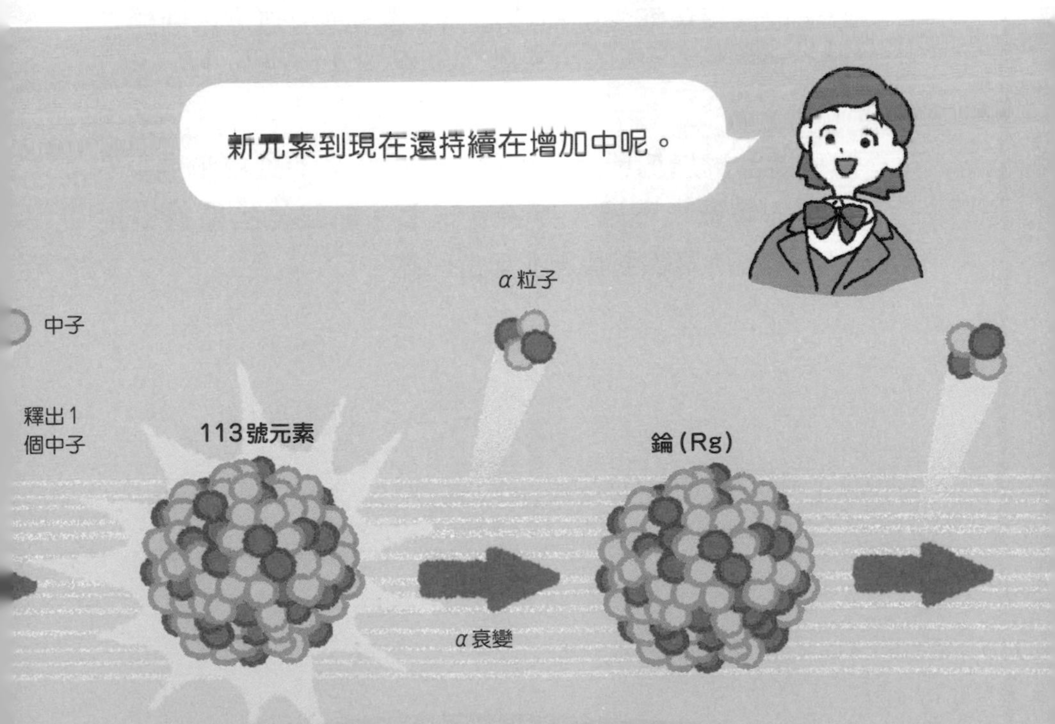

地球一年比一年輕！

地球的重力會吸引太空中的塵埃，1 年會掉落多達 4 萬噸至地球上。這樣說來，地球會愈來愈重吧？其實正好相反。**地球每年減少約 5 萬噸的重量。**

原因是那些原子序較小且輕的元素。**由 2 個氫原子（H，原子序 1）形成的氫分子以及氦原子（He，原子序 2）重量太輕，不會被地球引力留住，而逃逸至太空中。**地球每年損失的氫量約有 9 萬5000噸，氦則約有1600噸。

只要計算增加量及減少量，就會知道地球每年減少 5 萬噸的質量。不過，據說地球上的氫跟氦的量還很足夠，失去所有氫還要數兆年的時間。

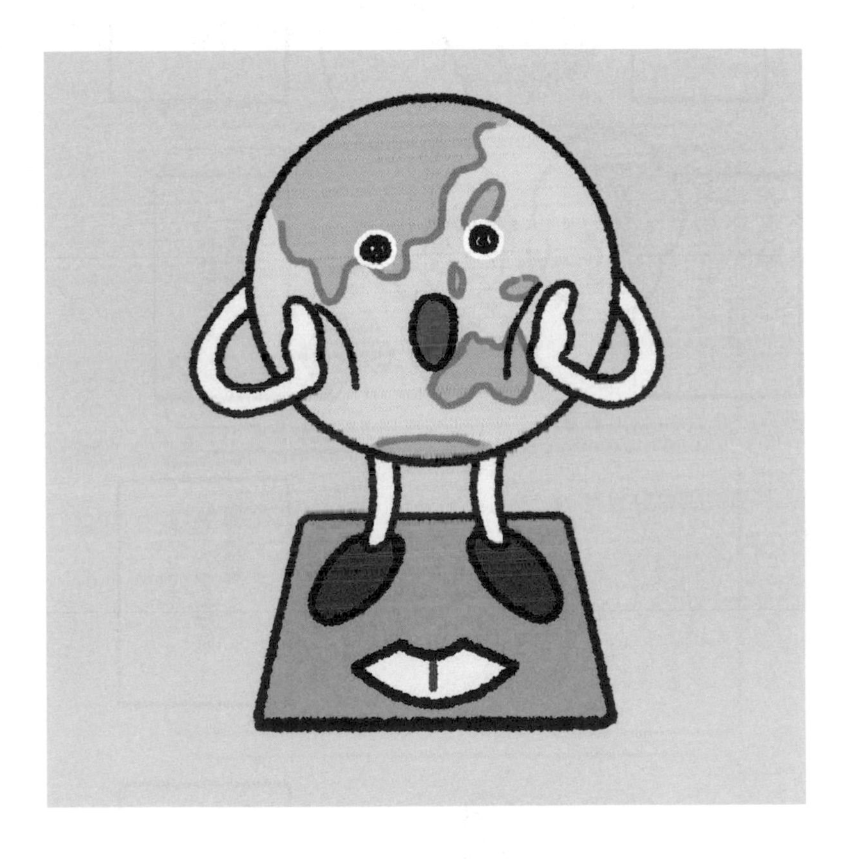

物理學家亞佛加厥
1776年
亞佛加厥出生於
義大利的杜林
父親是著名的律師
亞佛加厥也開
始學習法律
自然科學好像
比較有趣…
他展現了對自然科學
的興趣，也攻讀數學
跟物理學
1806年於
杜林大學的學院
擔任講師
1820年成為
杜林大學新設
數理物理學講座
的教授

亞佛加厥定律的發表

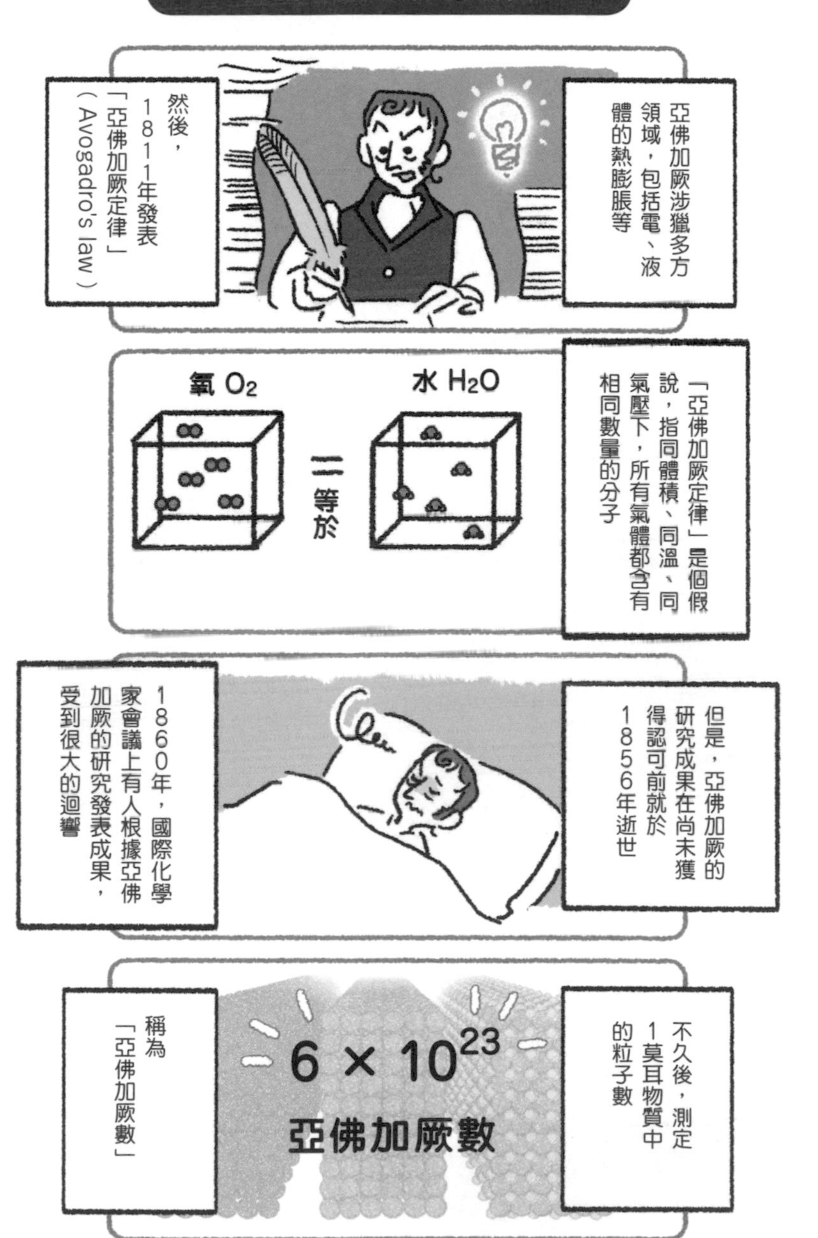

亞佛加厥涉獵多方領域，包括電、液體的熱膨脹等
然後，1811年發表「亞佛加厥定律」（Avogadro's law）
「亞佛加厥定律」是個假說，指同體積、同溫、同氣壓下，所有氣體都含有相同數量的分子
氧 O_2
= 等於
水 H_2O
但是，亞佛加厥的研究成果在尚未獲得認可前就於1856年逝世
1860年，國際化學家會議上有人根據亞佛加厥的研究發表成果，受到很大的迴響
不久後，測定1莫耳物質中的粒子數
6×10^{23}
亞佛加厥數
稱為「亞佛加厥數」

哈——
O_2

2. 原子的鍵結形成物質

日常生活周遭所有的物質都是由原子鍵結而成的。本章起要帶領讀者認識原子如何鍵結，如何形成物質。

原子的結合方式有3種

共用電子的「共價鍵」

我們常見的物質是由大量原子連結而成的。**連結原子之間的鍵結共有「共價鍵」（covalent bond）、「金屬鍵」（metallic bond）、「離子鍵」（ionic bond）3種。**本篇會簡單解釋這3種鍵結方式。

「共價鍵」是透過原子之間共用電子來連結的鍵結。原子只要填滿最外側的電子殼層就會形成穩定的狀態。共價鍵可比喻成原子之間透過共用電子來補滿空位。

「金屬鍵」是連結金屬原子，並形成金屬晶體的鍵結。這種鍵結是透過位於金屬原子最外側的多個電子在原子間自由移動而連結的。

陽離子與陰離子互相吸引的「離子鍵」

原子失去電子會帶正電，相反地，原子得到電子會帶負電。帶正電的原子稱為陽離子（cation），帶負電的原子稱陰離子（anion）。**「離子鍵」是指陽離子跟陰離子透過正負電相吸的鍵結。**

3種鍵結方式

原子的鍵結共有「共價鍵」、「金屬鍵」、「離子鍵」3 種。

共價鍵
鑽石由一個碳原子跟四個碳原子共用電子。

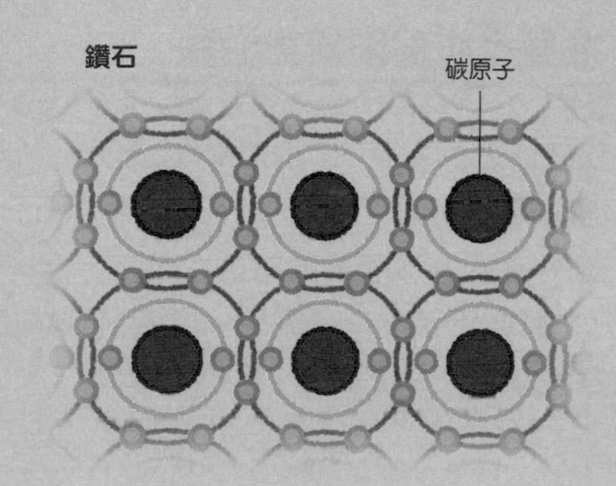

金屬鍵
最外殼層電子（自由電子）在多個原子之間四處游移。

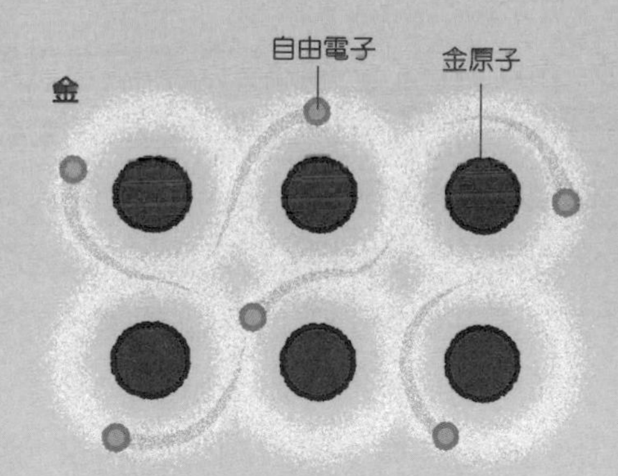

離子鍵
陽離子與陰離子透過正負電相吸而鍵結

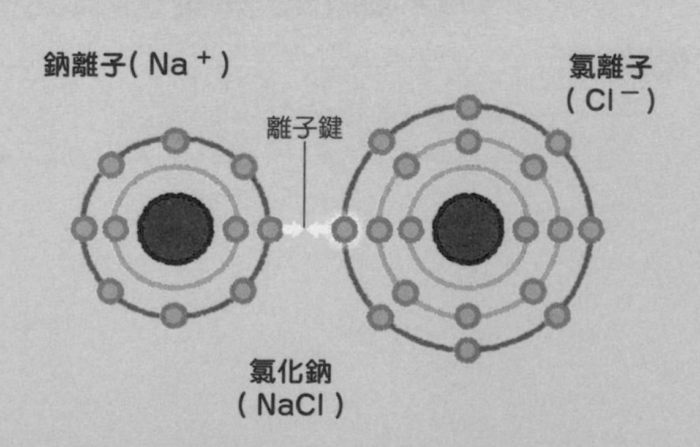

2 共用電子而強力結合的「共價鍵」

電子在原子核周圍四處游移

我們以 2 個氫（H）相連形成氫分子（H_2）的反應為例，來仔細解釋共價鍵。

氫原子是由 1 個帶負電的「電子」圍繞在帶正電的「原子核」（氫的原子核只有質子）周圍所形成的。**電子游移的範圍稱為「電子雲」（electron cloud）。**

多個原子共用電子會呈現穩定的狀態

2 個氫原子靠近時，一開始會有名為「凡得瓦力」（Van Der Waals force）的微弱吸引力相互吸引（詳見第64頁）。接著當氫原子更靠近時，各個氫原子的電子雲會重疊，重疊的電子雲所帶的負電荷會愈來愈強。於是，帶正電荷的 2 個原子核會跟已重疊的電子雲互相強烈吸引，最後便形成了 1 個氫分子。**像這樣，由多個原子共用電子並呈現穩定的狀態稱為「共價鍵」。**

從氫原子變成氫分子

當 2 個氫原子靠近時，兩者的電子雲會重疊。最後 2 個電子會開始在 2 個原子核的周圍游移，形成 1 個氫分子。

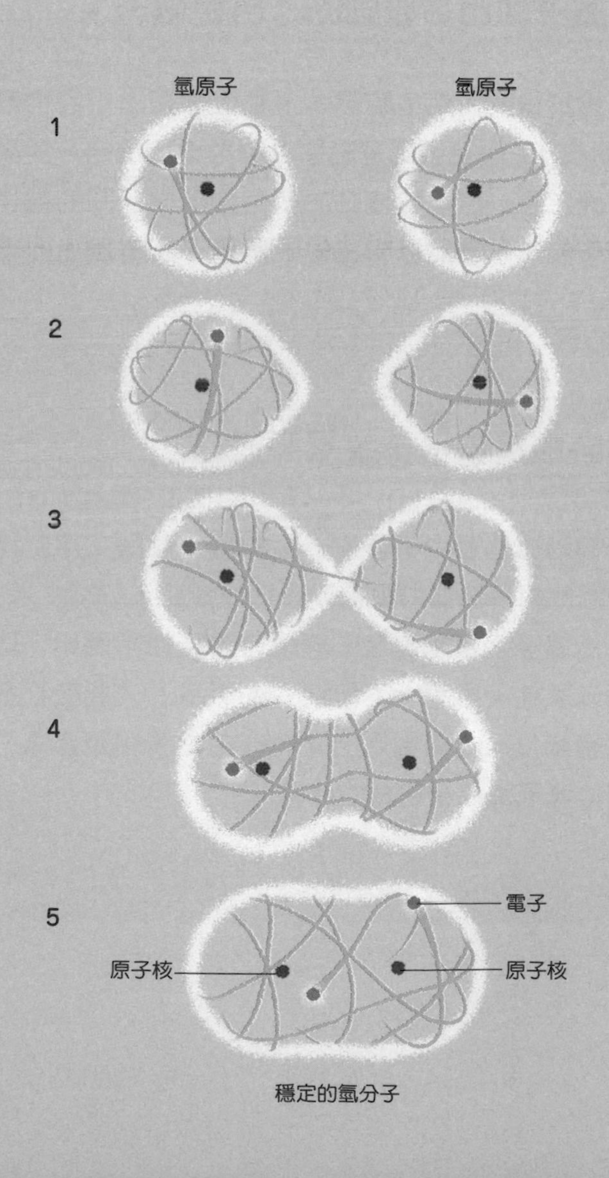

穩定的氫分子

自由移動的電子連結原子形成的「金屬鍵」

在多個金屬原子間自由移動的「自由電子」

接下來要詳細說明何謂金屬鍵。金屬鍵是指由「自由電子」（free electron）連結多個金屬原子所形成的鍵結。所謂自由電子正如字面之意，是自由移動於多個金屬原子間的電子。**金屬鍵是因原子的電子殼層互相重疊，串連了所有原子的電子殼層的狀態。**

四處游移的自由電子連結金屬原子

自由電子會沿著晶體中串連在一起的電子殼層，自由移動於金屬整體。因此將分散的的金屬原子連結起來。

因為有自由電子，金屬會有一些獨有的特性。例如，敲打金屬會顯示出延展性。思考一下微觀下的原子，只要敲打金屬，原子之間就會錯位。但因為馬上會有自由電子移動過來，所以即使原子錯位還是會保持鍵結的狀態。

連結金屬的自由電子

插圖為金屬原子的電子殼層互相重疊，並串連在一起的模型圖。自由電子能沿著串連著的電子殼層自由地在原子之間移動。因為有這些自由電子，金屬才會表現出多種特性。

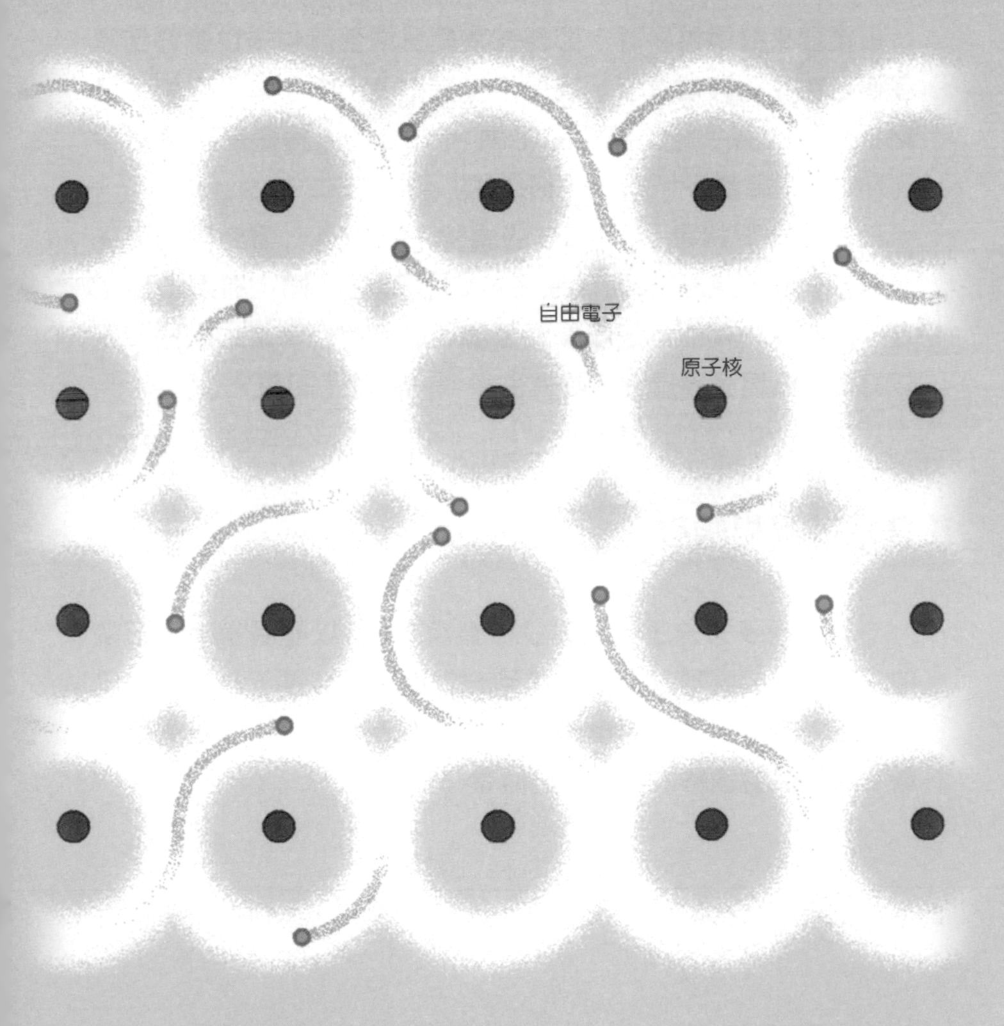

透過電力互相吸引而連結的「離子鍵」

鈉會傳遞一個電子給氯

最後要來討論離子鍵。即便在我們日常生活中，也會看到原子傳遞電子給其他原子，或原子接受電子的離子鍵。例如，最貼近生活的例子是食鹽（氯化鈉，NaCl）。食鹽是由鈉離子（Na^+）與氯離子（Cl^-）所形成的。

只要查一下鈉原子（Na）的資料，就知道它最外側的電子殼層只有 1 個電子。而氯原子（Cl）只有 7 個，還剩一個空位。**由於最外側的電子殼層要全部填滿才會是穩定的狀態，所以當這二個原子靠近時，鈉就會傳遞一個電子給氯。**

正負電荷互相吸引

由於鈉原子失去了一個電子（負電），所以整體會是帶正電的陽離子。相對地，氯原子得到一個電子（負電）後，整體呈現帶負電的陰離子。**陽離子與陰離子會因各自所帶的正電跟負電互相吸引而連結。**這種連結就是「離子鍵」。

以離子鍵結合的食鹽

食鹽（氯化鈉）是由氯離子跟鈉離子所形成的。因各自所帶的正電跟負電互相吸引，連結成「離子鍵」。另外，下圖原子核中的數字為原子序。

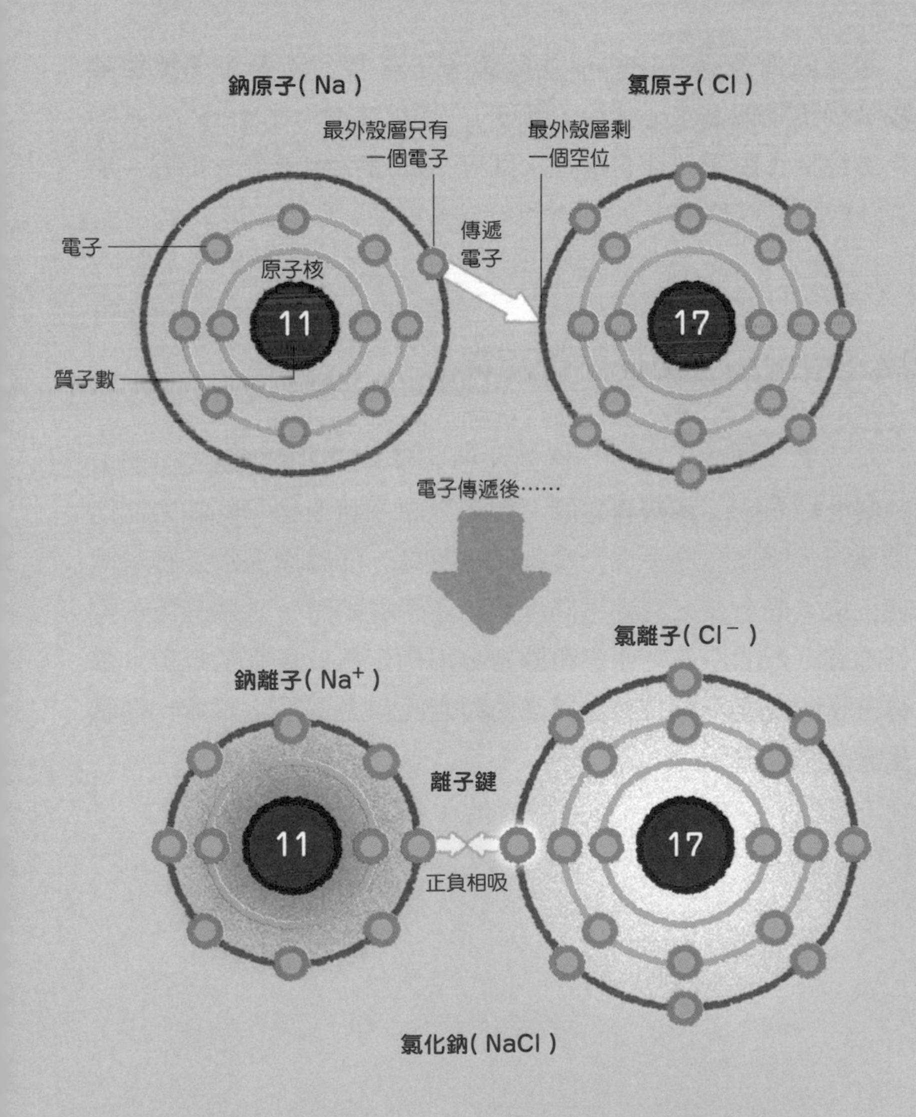

5 水分子因「氫鍵」而連結

電子會偏向某一方的原子

在水或冰之中，水分子之間會因正負引力而鬆散地連結起來。個現象稱為水分子的「氫鍵」(hydrogen bond)。水的特徵包括沸點高、冰會浮在水面等，都是受到氫鍵的影響。那為什麼會形成氫鍵呢？

氧原子帶負電，氫原子帶正電

水分子(H_2O)是由一個氧原子(O)跟二個氫原子(H)共價鍵結而成。這兩者之間，由於氧原子吸引電子的能力比氫原子強，所以氧原子這方會稍微帶負電，而氫原子那方會稍微帶正電。像這樣，遇到不同種類的原子鍵結時，共用的電子會偏向某一方的原子，便會有雙方分別帶正電或負電的現象。**水分子集團會因為水分子之間正負相吸的引力形成水或冰。這就是氫鍵的原理。**

水分子與氫鍵

液態水是因為水分子跟其他水分子不斷形成氫鍵或切斷氫鍵，所以才會不停地流動。

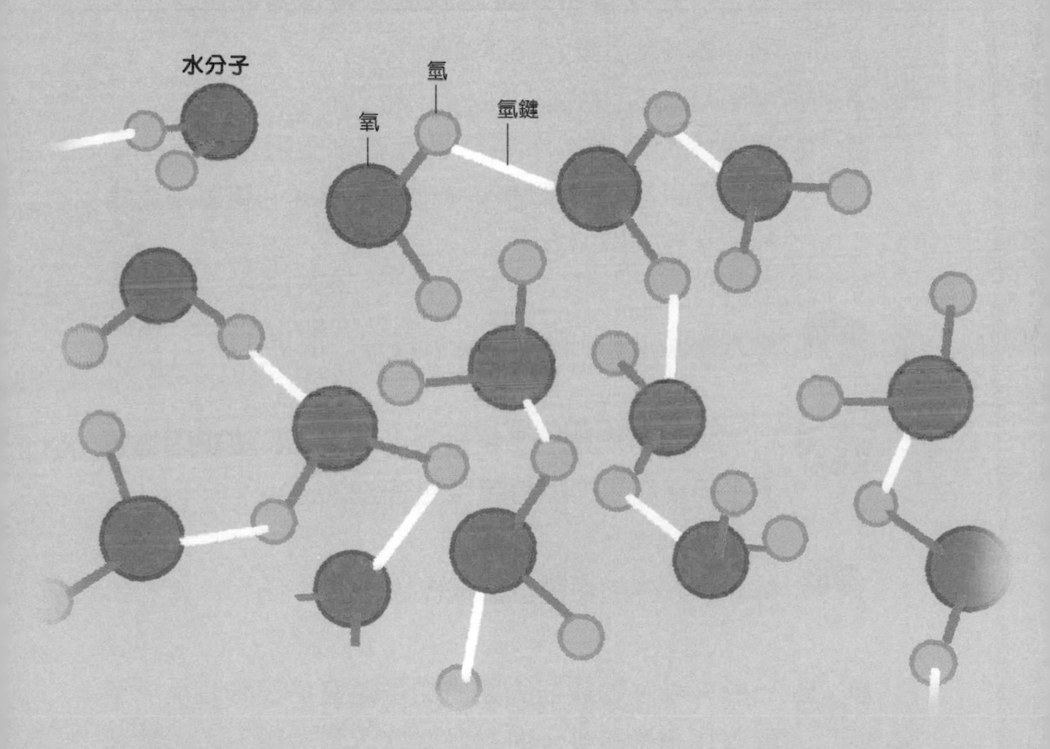

滿杯的水會因表面張力而向上突起，
也是因為氫鍵的作用。

博士！
我有問題!!

冰為什麼會浮在水面呢？

博士！在速食店或餐廳喝的水總是有冰塊浮在上面。冰為什麼會浮在水面呢？

因為冰的結構比水的結構有更多空隙。因為空隙多，所以在同體積時，冰會比水還輕。這就是冰會浮在水面的原因唷！

原來如此！那空隙很多的結構是什麼樣子呢？

冰的排列結構是比水更整齊的六邊形。這是因為氧原子與氫原子有互相吸引的氫鍵之故。

除了水之外的物質也會這樣嗎？

一般來說，物質在固態時的重量會比液態時重，空隙會比液態時少，所以固體會沉到液體下方。說起來，水算是少數的例外。

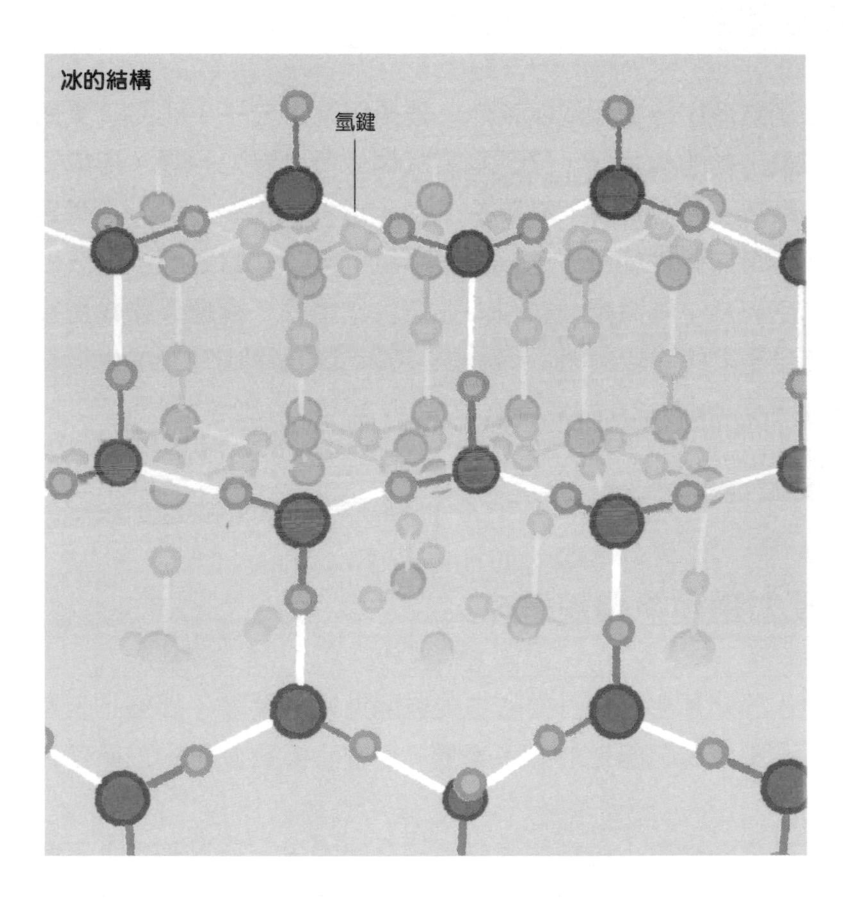
冰的結構
氫鍵

6 神祕的引力：凡得瓦力

二氧化碳為什麼會形成乾冰？

水蒸氣冷卻後會變成水或冰。這是因為水分子（H_2O）受到冷卻後，動能會變弱，又因為電氣偏差所以電力相吸，形成集團的緣故。另一方面，氫分子（H_2）跟二氧化碳（CO_2）等看似沒有電氣偏差的分子，只要冷卻後，分子都會聚集，形成液態氫或乾冰。這時是什麼引力在發生作用呢？**這個「會作用在所有分子上的神祕引力」，就是「凡得瓦力」。**由荷蘭的物理學家凡得瓦（Johannes van der Waals，1837～1923）所發現。

凡得瓦力是電氣偏差造成

現在已知產生凡得瓦力的主要原因是電的偏差。那麼，乍看之下不會有電氣偏差的分子某處，也會有電氣偏差的現象存在嗎？

以氫分子來說，由於二個氫原子共用電子，所以基本上不會有電氣偏差。但是，**停在某個瞬間觀察的話，就會發現二個電子會偏向左邊或右邊。**這一瞬間的電氣偏差會發生在所有分子上，結果就形成凡得瓦力。

凡得瓦力

產生凡得瓦力主要是因為電氣偏差。某一瞬間的電氣偏差形成凡得瓦力作用，分子之間便會互相吸引。

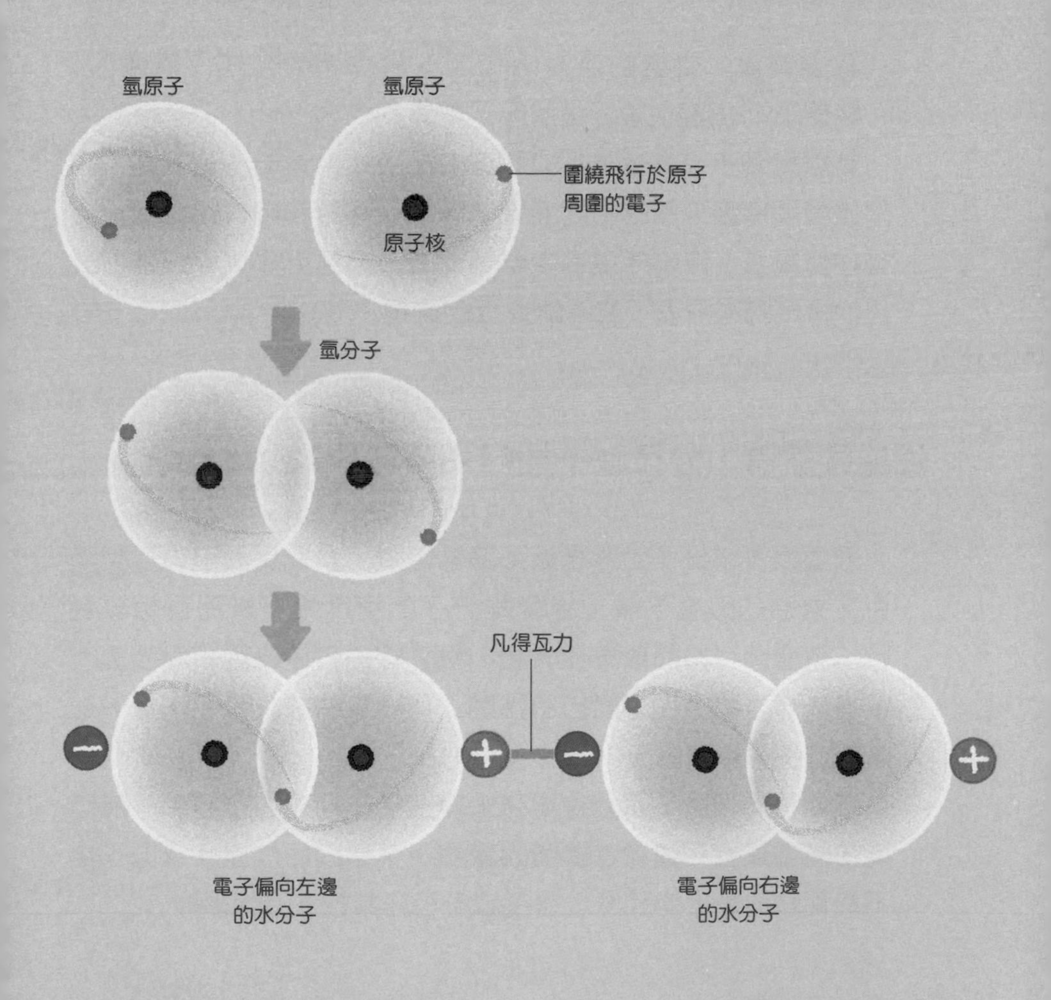

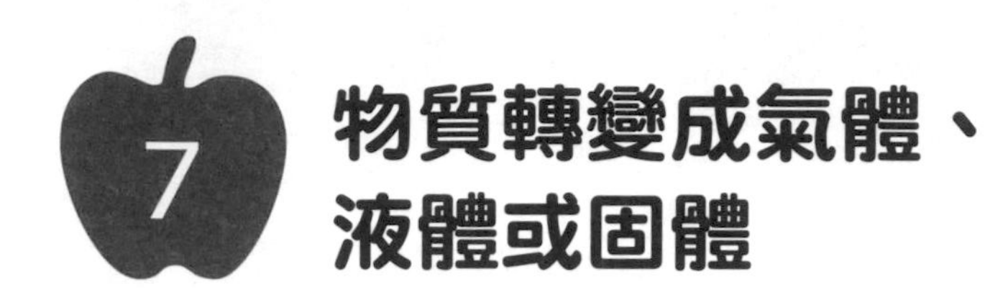

7 物質轉變成氣體、液體或固體

空氣中的氣體分子高速飛行

普遍來說，物質的溫度由高至低會依序變化成「氣態」、「液態」、「固態」等三種狀態（物質的三態）。

氣態是分子在高速飛行的狀態。分子本身會旋轉或振動，雖然碰撞頻率因分子的密度而異，不過氣體分子間會頻繁地重複碰撞好幾次。眼前的空氣中就有氧分子與氮分子以秒速數百公尺的速度飛來飛去，並不斷地互相碰撞。

變成固體時，分子就不能自由移動

只要原子或分子之間靠近至適當距離，就會受到引力互相吸引。氣體的溫度下降，也就是分子的速度慢下來而互相靠近時，就會因引力而聚集在一起，**像這樣的分子集團稱為液體。**不過液體中的分子還能自由移動。如同氣體般，分子本身會旋轉或延長、縮短等。

溫度再降低時，引力會增強，分子便不能自由地移動，而固定停留在某處，這就是固體的狀態。不過固態的原子或分子也不是都處於靜止的狀態，原子或分子經常會在原地振動。

物質的三態

氣態是分子高速飛行的狀態。當氣體的溫度下降，分子之間因引力聚集在一起的狀態稱為液態。溫度再下降時，引力會增強，分子便不能自由移動，遂形成固體。

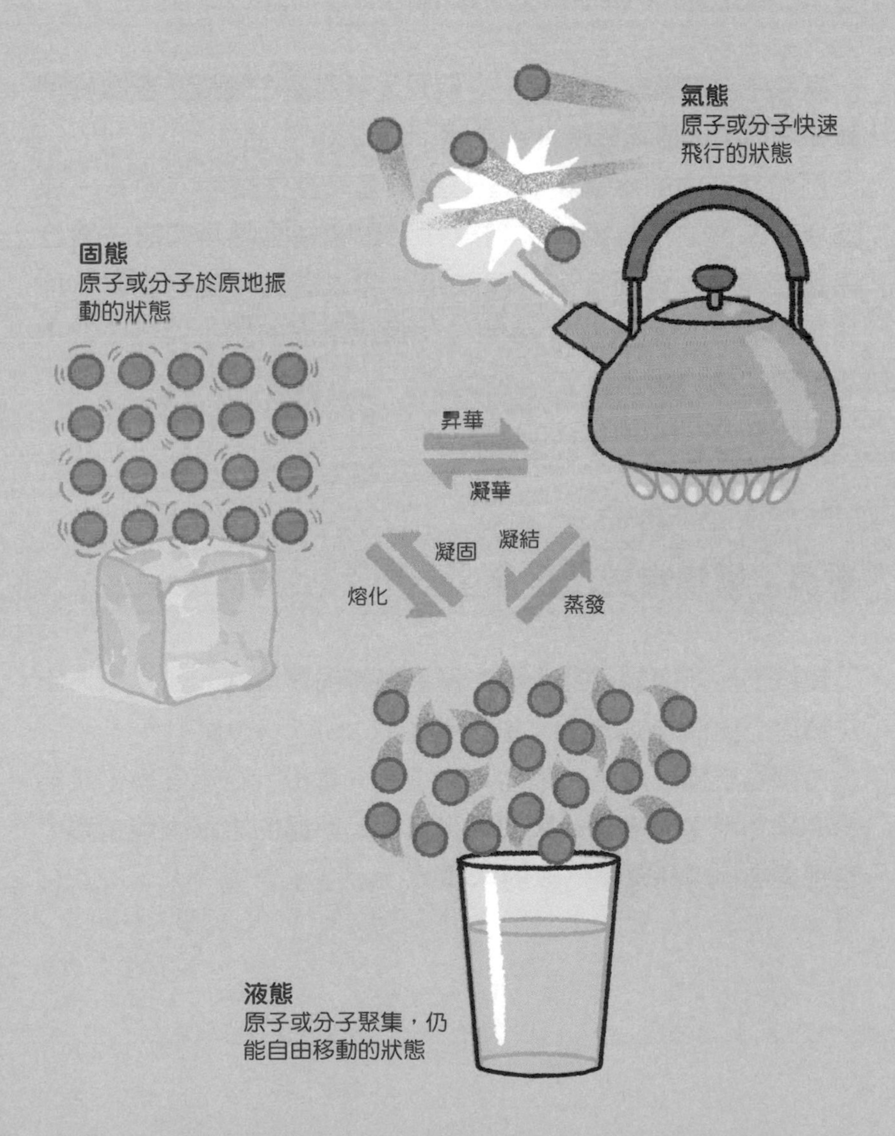

寶石與鐵都是原子排列整齊的晶體

原子或分子規律排列的「單晶」

以原子尺度觀察固體時，會發現大量的原子跟分子重複性地規律排列。這種物質稱為「晶體」（crystal）。

例如寶石中的水晶，基本上呈現透明且整齊的六角柱。像這樣，水晶之所以總是排列規律，是因為晶體內的原子跟分子呈整體性的規則排列。固體是一個連續且完整的晶體，稱為「單晶」（single crystal）。構成單晶的原子與分子之化學鍵包括有「離子鍵」、「金屬鍵」、「共價鍵」、「分子間力」（intermolecular force）。

「單晶」會集合成「多晶」

實際上許多固體都是由小的單晶聚集而形成的。像這樣，由「單晶」集合成的晶體稱為「多晶」（polycrystal）。

方解石聚集形成的大理岩，由長石、雲母、石英等集合成的花崗岩，都屬於多晶。大家普遍認為是單晶的鐵跟銅等金屬，也都是由小單晶聚集形成的多晶。

單晶的原子結構

鑽石、食鹽（氯化鈉，NaCl）、金等固體都是由原子跟分子規律排列而成的晶體。

共價鍵形成的晶體

鑽石

電子

碳原子

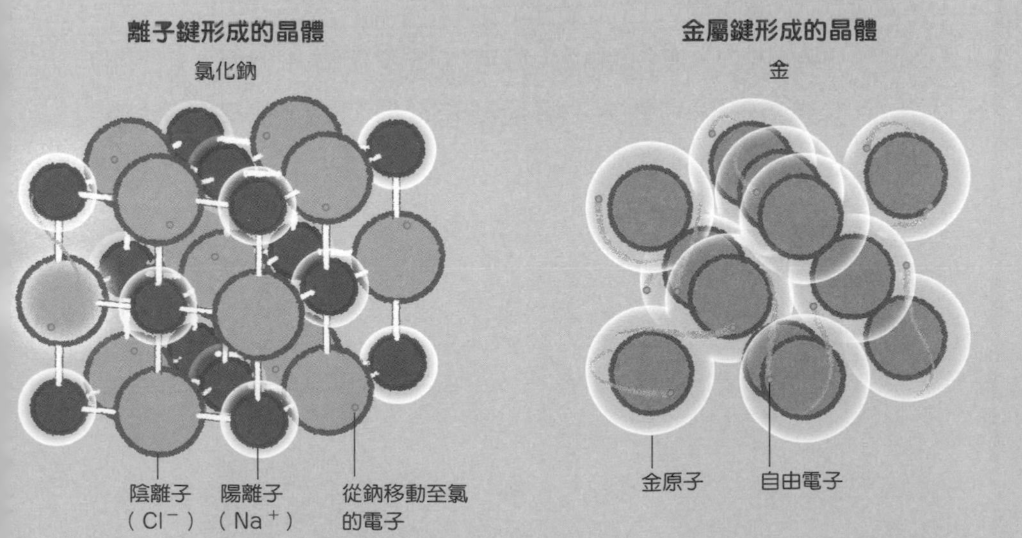

壁虎的凡得瓦力

壁虎是蜥蜴的一種。牠能攀爬垂直的牆壁，或是倒立行走於天花板上。**壁虎之所以會吸附在牆上不掉落，是因為有「凡得瓦力」的幫忙。**凡得瓦力是指相近的原子之間會因電力的作用而互相吸引的力（詳見第64頁）。

壁虎的腳底長有非常細的「纖毛」，而且纖毛的末端長有稱為「匙突」（spatula）的刮勺狀細毛。匙突的粗細約為幾個奈米（1奈米等於100萬分之1毫米）。**這種匙突會深入牆壁的凹凸處，立刻貼附牆壁原子。**所以匙突與牆壁之間就會產生凡得瓦力。

作用於1根匙突的凡得瓦力微不足道。但是，壁虎腳上約有20億根匙突，每根都有凡得瓦力，加總起來就能支撐住整個身體了。

物理學家：凡得瓦

1837年，凡得瓦出生於荷蘭的來登
他靠自學攻讀科學，當上小學老師

凡得瓦去來登大學旁聽物理學課
我聽不懂拉丁語……！
但他聽不懂拉丁語跟希臘語，遇到很大的困難
Latine
LATINE

後來，他當上國中老師……
擔任校長的同時，繼續研究物理學

因一篇題為「論氣體與液體連續性」的論文取得了博士學位
並來到阿姆斯特丹大學任職物理學教授

分子間引力的發現

凡得瓦發表了用於研究液體與氣體的「狀態方程式」
$\left(P+\frac{an^2}{V^2}\right)(V-bn)=nRT$

他認為，當時大家普遍認知是永久氣體的氫跟氦可以液化
氫氣
氫會變成液體！

接著，他又發現分子間的引力
於1910年因「凡得瓦方程式」的研究成果榮獲諾貝爾物理學獎
ALFR NOBEL

他畢生都奉獻給物理學，於1923年逝世
作用於原子、分子間的微弱力量便以他的名字命名為「凡得瓦力」

3. 日常生活四周
都是離子

生活上很多化學反應都跟「離子」有關，如電池中產生的反應與鐵生鏽反應等。第 3 章將帶領讀者深入探討何謂離子。

「離子」是隨電流移動的粒子

水通電會分解成氫與氧

本篇起要說明何謂「離子」。離子是在1834年由英國法拉第（Michael Faraday，1701～1867）所命名。**這件事要從1800年初說起，當時義大利科學家伏特（Alessandro Volta，1745～1827）首次發明出電池。**同年，法拉第發現只要將連結電池兩端的金屬絲浸入水中，金屬絲就會分別產生氧跟氫的氣體。

命名自「前進」之意的「離子」

當時，電是一種未知的現象。因此法拉第透過嚴謹的實驗，逐漸地揭露了電氣性質的真相。他認為只要通電，物質會受到電的影響而分解，且分解後的物質會朝電極移動。**他將這些像是受到電極吸引而移動的物質，取希臘語中「前進」之意命名為「離子」（ion）。**接著，他將前往負極的物質定義為「陽離子」，前往正極的物質定義為「陰離子」。

法拉第的離子觀

法拉第認為水只要通電，物質就會分離，並朝電極移動。
法拉第將這些向電極移動的物質命名為離子。

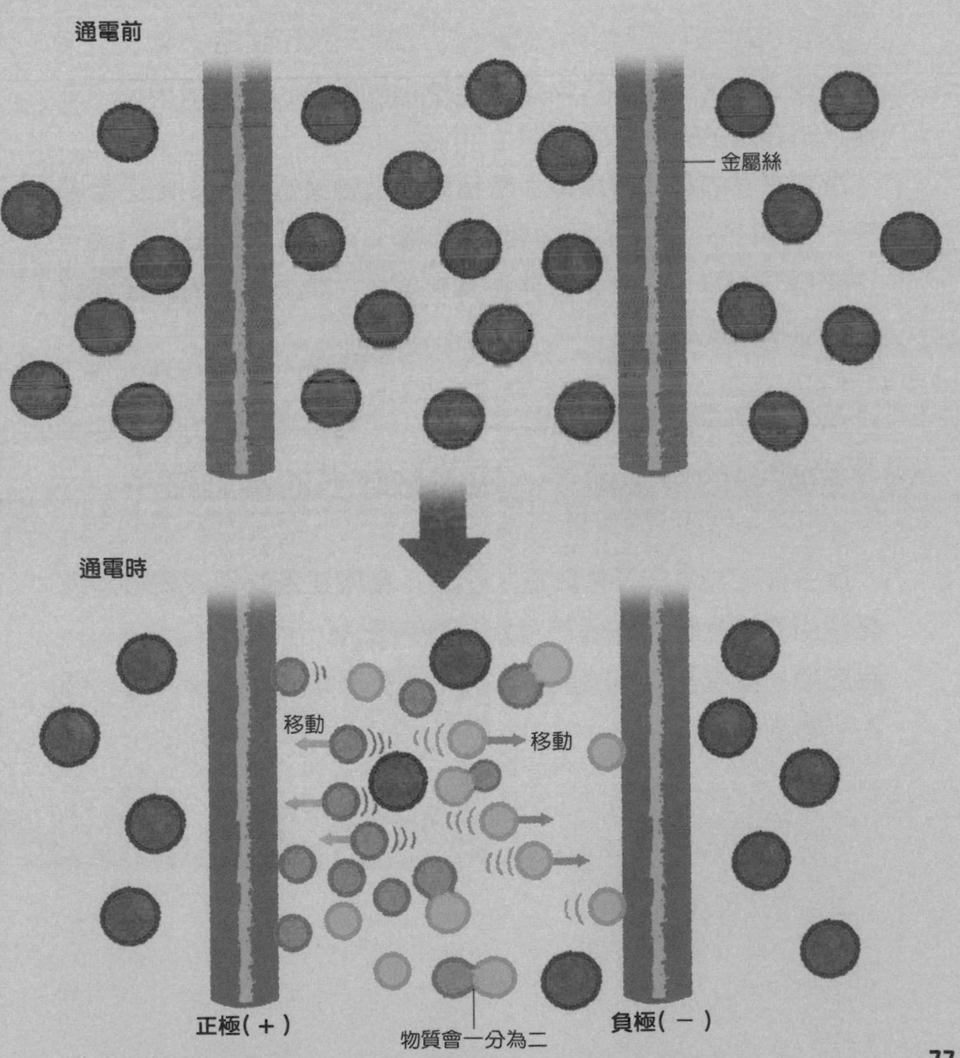

原子與離子的差異在於電子數

離子的質子和電子數量不同

到了20世紀，已經明白原子的結構。原子是由「質子」與「中子」組成的原子核以及電子所構成的。因為這項發現，才得以明白離子的真實面貌。

所有原子的質子數跟電子數皆同。但是某個原子明明必須要有11個電子，離子卻只擁有10個電子。而且某個原子明明一定要有 7 個電子，離子卻擁有 8 個電子。**可見離子的質子與電子數並不一致。**

質子數較多的為陽離子，電子數較多的為陰離子

質子帶正電，電子帶負電。因此，**當帶正電的質子數多於帶負電的電子數時，整體而言離子會帶正電**，即為「陽離子」。**相反地，當電子數多於質子數時，整體而言離子會帶負電**，即為「陰離子」。

原子與離子

來比較一下原子與離子的差異。原子跟離子的結構以及各自所帶的質子與電子數如圖示。原子的質子跟電子的數目相同。但是離子方面，質子跟電子數相異。

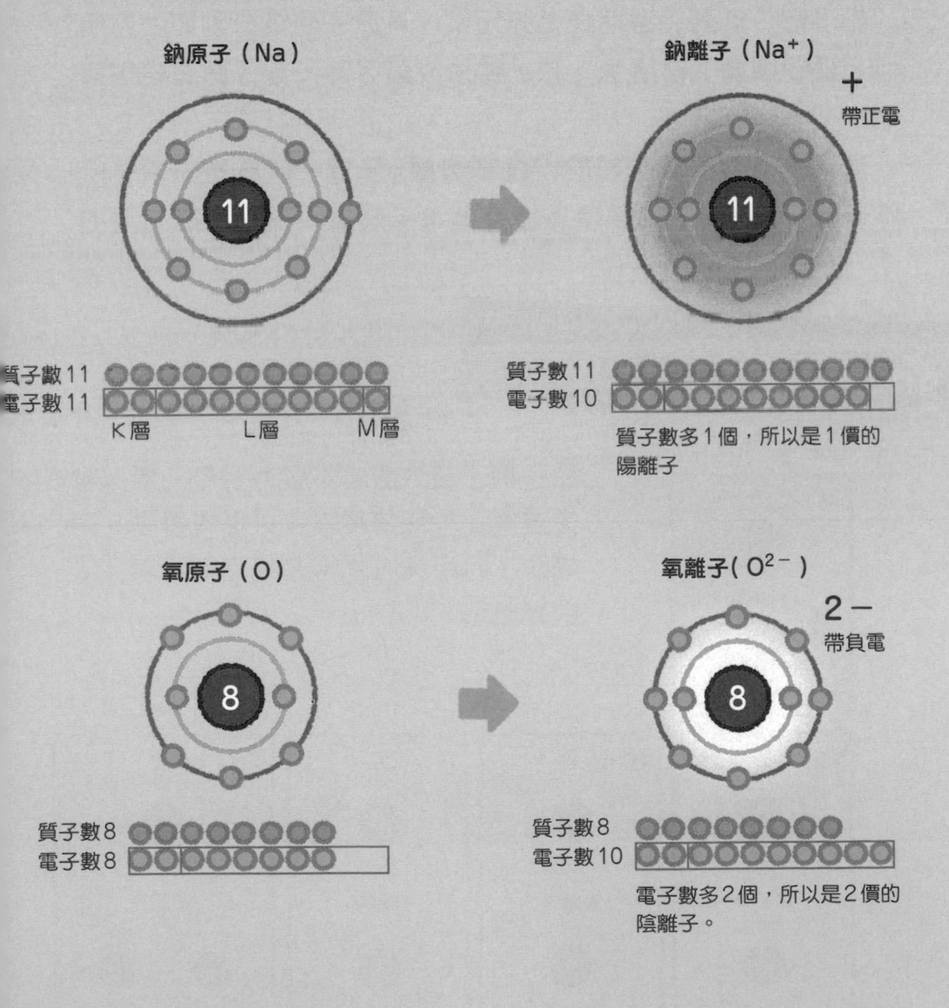

電子的「空位」數決定離子種類

離子種類的關鍵在於「電子殼層」

如下圖，排列於週期表上的元素，其原子結構分別如上方所示，離子則如下方所示。原子要形成離子時，電子數有規則可循嗎？

這裡最重要的關鍵在於「電子殼層」。電子殼層是為電子所準備的「座位」。只要填滿最外側電子殼層（最外殼層）上的

週期表與離子

1族

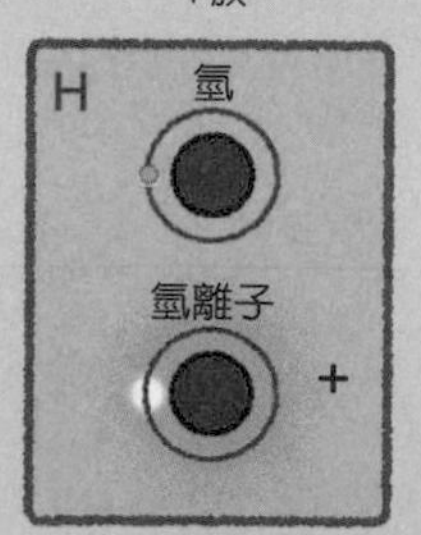

原子為了最外殼層不要有空位，所以會失去電子，或獲得電子以形成離子。形成離子時所失去的電子或獲得的電子以白光表示。

2族　13族　14族

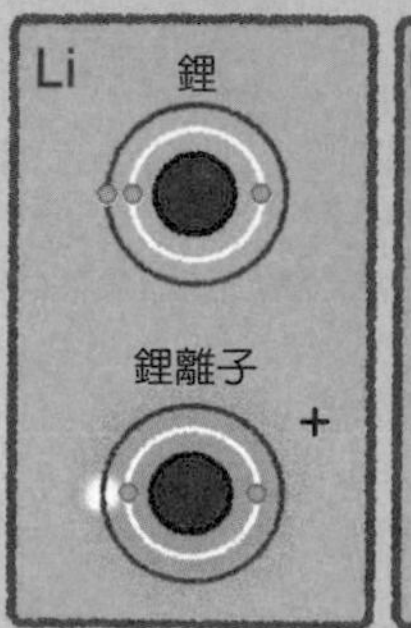

Be　鈹

鈹離子　2＋

B　硼

硼離子　3＋

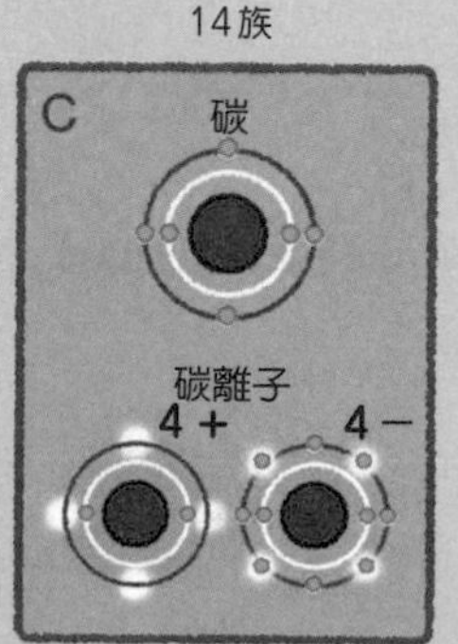

座位，離子就會呈現穩定的狀態。

空位數決定電子的增減數量

例如，氟原子的最外殼層只有一個空位。因此，只要得到 1 個電子填滿空位，變成陰離子後就會穩定。另一方面，鋰原子的最外殼層只填入 1 個電子，還剩 7 個空位。因此鋰原子若失去 1 個電子，形成陽離子就會穩定。

原子是由最外殼層的空位數來決定增減多少電子數以形成離子。由於，週期表縱列上的元素，其最外殼層的空位數幾乎相同，所以形成離子時，增減的電子數也相同。

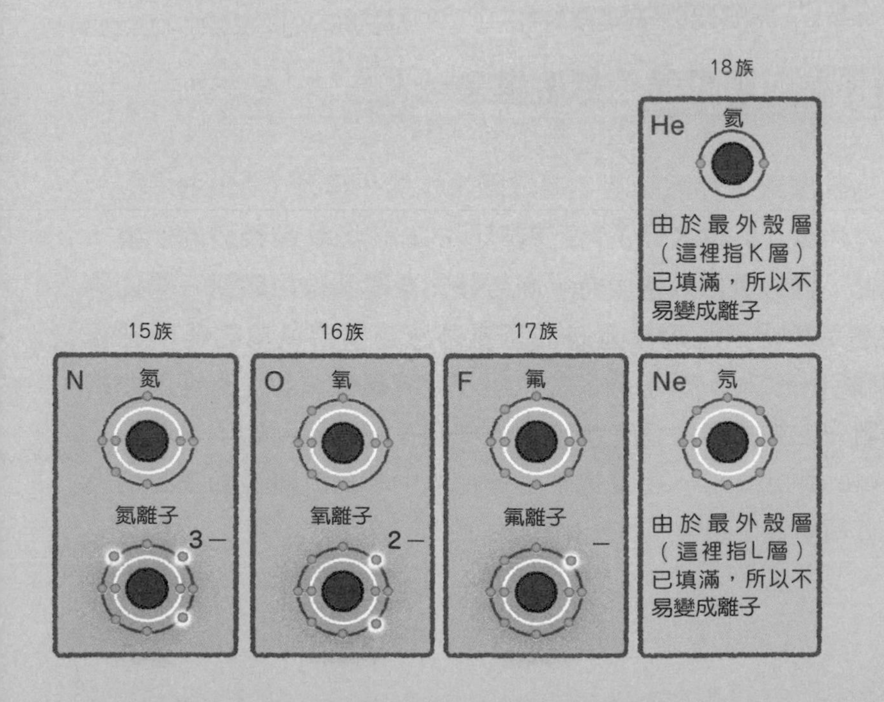

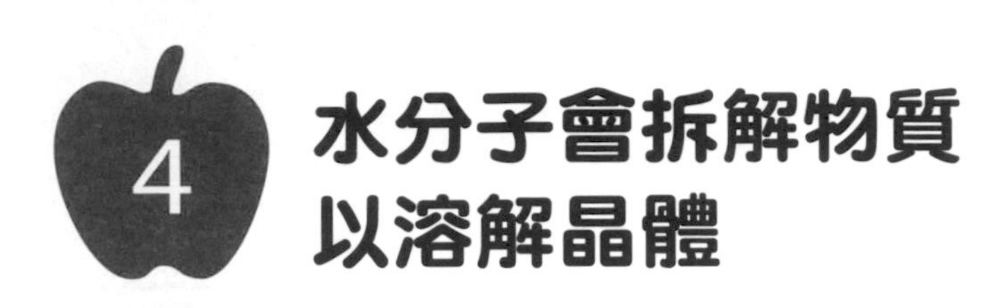

4 水分子會拆解物質以溶解晶體

晶體放入水中時，鍵結的離子會解離

如第58頁的說明，食鹽（氯化鈉，NaCl）是鈉離子（Na^+）與氯離子（Cl^-）的離子鍵晶體。將食鹽放入水中時，起初會看見顆粒慢慢地溶解，最後會完全看不到顆粒。此時，水中究竟發生了什麼事呢？

物質會溶於水中，是物質跟水分子混合均勻所產生的現象。當食鹽放入水中時，已鍵結的2種離子會被拆分開來，與水互相混合。

水分子會包圍晶體，拆散離子

為什麼離子會解離呢？這是因為水的「極性」（polarity）特性所致。1 個水分子有正電較弱的部位與負電較弱的部位。因此，**當食鹽放入水中時，水分子的負電部位會跟帶正電的鈉離子互相吸引，而水分子的正電部位會跟帶負電的氯離子互相吸引。**然後數個水分子會將離子團團圍住，並從食鹽固體拆下離子。如食鹽般會在水中解離成離子的物質稱為「電解質」（electrolyte）。相反地，不會在水中解離成離子的物質稱為「非電解質」（non electrolyte）。

食鹽會解離成離子並溶解

食鹽（氯化鈉）溶於水中的示意圖。氯離子與鈉離子會逐漸被水拆散。氯離子會被水分子帶正電的部位（δ＋）包圍（A），而鈉離子會被水分子帶負電的部位（δ－）包圍（B），漸漸地跟水分子混合並溶解。

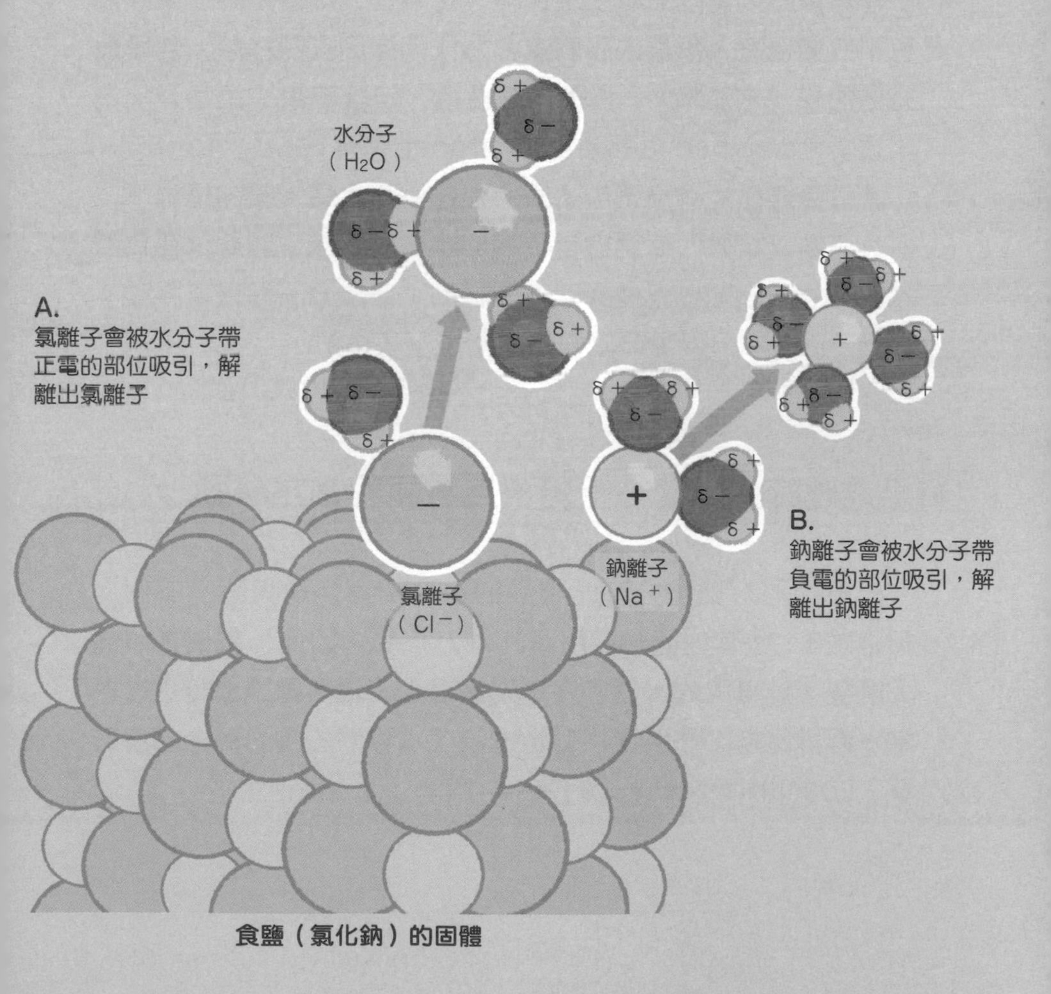

食鹽（氯化鈉）的固體

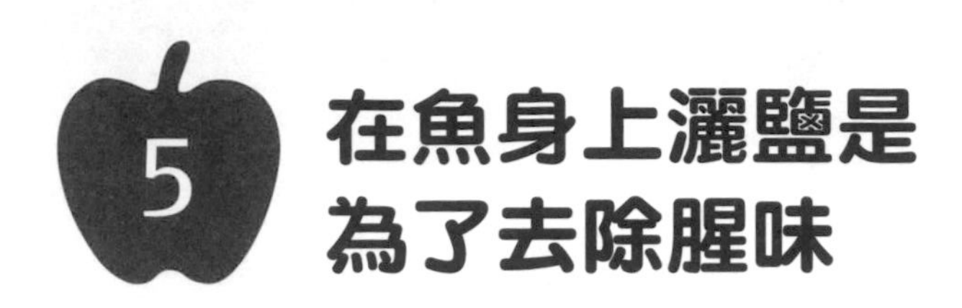

5 在魚身上灑鹽是為了去除腥味

食鹽不會通過魚的細胞膜，但水會通過

在烤魚時，會在魚身上灑食鹽。這個動作不僅是為了調味而已，只要灑鹽，魚身的表面就會形成高濃度食鹽水層。**包覆魚細胞的膜（細胞膜），食鹽無法通過，但水可以。**這種膜稱為半透膜（semipermeable membrane）。

水分子雖然能夠穿透半透膜，但在溶有大量食鹽的情況下，水分子難以移動，使穿透半透膜的水分子大減。因此，在食鹽水跟魚細胞之間，不僅食鹽不會移動，連水分子都難以移動。另一方面，水分就從魚細胞往食鹽水溶液移動。

有半透膜時，水會往食鹽濃度較高的地方移動

一般而言，在鹽分濃度相異的水之間有半透膜時（本例為細胞膜），水會往鹽分濃度高的地方移動。因此，**只要在鮮魚上灑鹽，魚身內的水就會滲透到表面上，繼而腥味成分也會跟水一起排出來。**像這種隔有半透膜使水移動的壓力稱為「滲透壓」（osmotic pressure）。

在魚身表面灑食鹽

在魚上灑鹽的示意圖。魚身表面的鈉離子跟氯離子會拉住水分子，形成大型結構。水分子便難以從食鹽水流進魚細胞。另一方面，魚細胞內的水則會不斷流出。

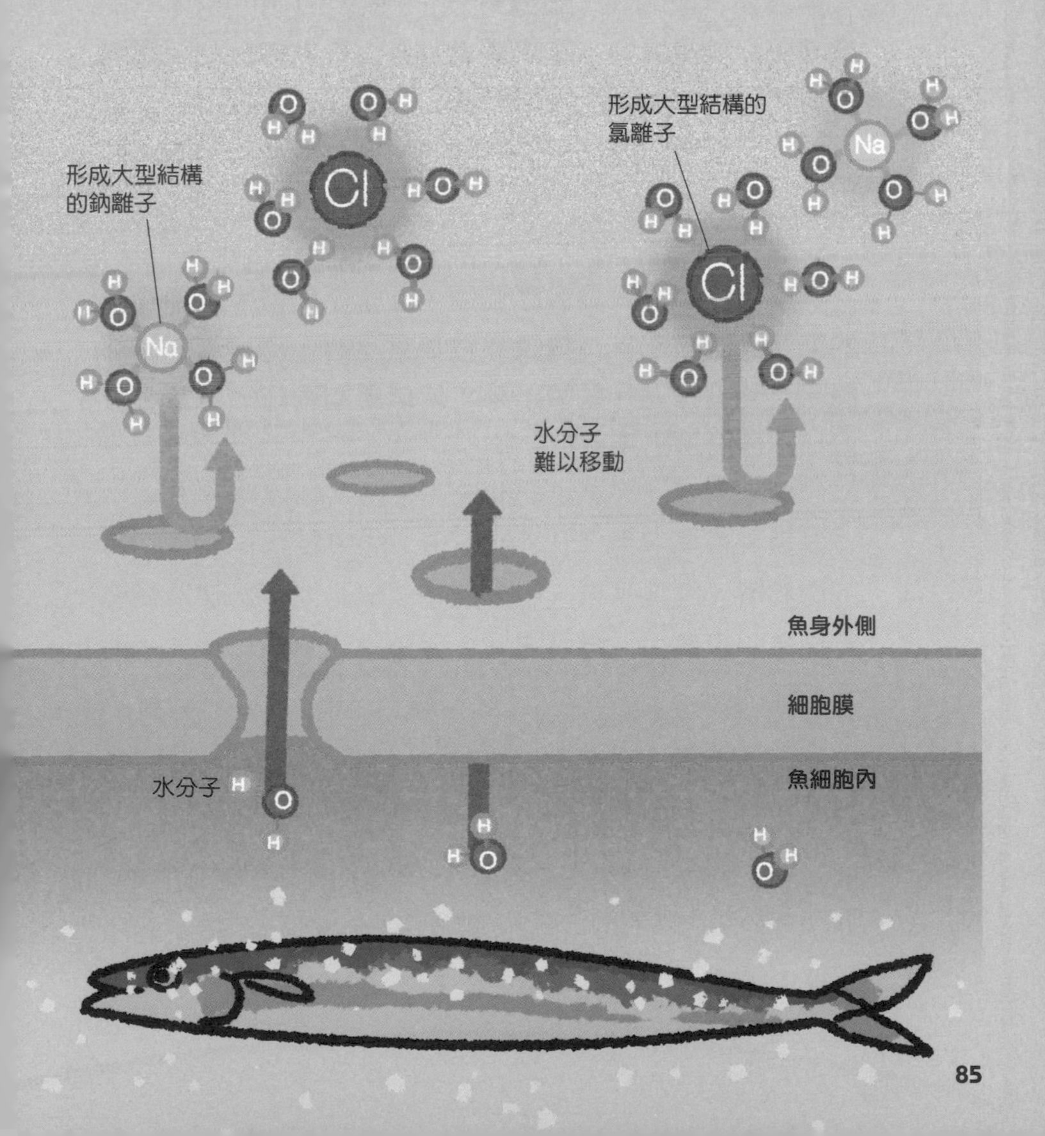

世界上最臭的食物是？

瑞典有一種名為「鹽醃鯡魚」（surströmming）的鹽漬發酵鯡魚罐頭。據說這是世界上最臭的食品，**臭味是納豆的18倍之多！**順帶一提，瑞典語中的「sur」是「酸」的意思，而「strömming」則是波羅的海的「鯡魚」之意。

這種鹽醃鯡魚只要發酵過頭，罐頭經常會因內部產生的氣體而鼓脹起來。**聽說保存在常溫時，罐頭也很常爆開。**且開罐時湯汁會噴出來，所以要開罐時一定要小心湯汁不要飛濺出來。

當地人會將名為「tunnbröd」的薄麵包，煮熟切片的馬鈴薯、紅洋蔥末、山羊起司或酸奶油、奶油及鹽醃鯡魚捲起來食用。雖然很臭，但聽說風味類似鯷魚，非常好吃。

SURSTRÖMMING

酸味與苦味都是離子產生的！

帶有酸味的「酸」

覺得檸檬很酸，是因為檸檬含有稱為檸檬酸的「酸」。**酸是指溶於水時會就釋出（解離）出「氫離子（H^+）的物質。**酸會有酸味，是因為酸產生的氫離子，會刺激舌頭的接受器。例如，只要將鹽酸（HCl）溶於水，就會產生氫離子（H^+）跟氯離子（Cl^-），水溶液呈強酸性。

酸與鹼

酸溶於水時會產生氫離子，而鹼溶於水時會產生氫氧離子。

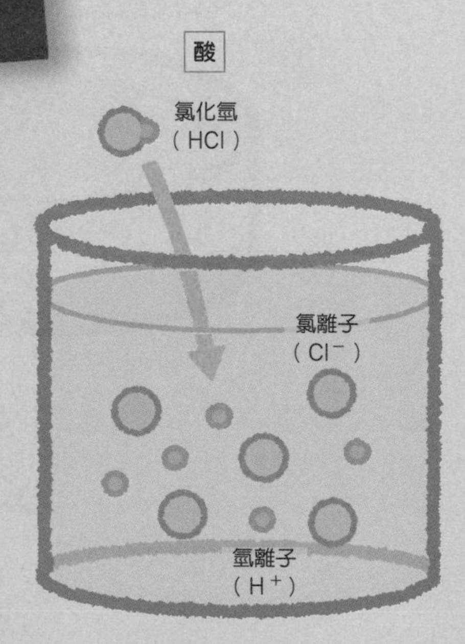

酸會產生氫離子

帶有苦味的「鹼」

「鹼基」（base，中文亦稱為鹼）有苦味，是一種會跟酸反應的物質。鹼基之中，會溶於水的物質特別稱為「鹼」（alkali）。**當鹼溶於水時，會產生「氫氧離子」（OH^-）。**鹼性水溶液的特性就是會產生氫氧離子。例如氨溶於水時，水分子會失去 1 個氫離子，而產生氫氧離子。因此，水溶液呈現鹼性。

當酸跟鹼反應時，就會產生「鹽」與水。這個現象稱為「中和」（neutralization）。中和會互相抵銷酸性跟鹼性。

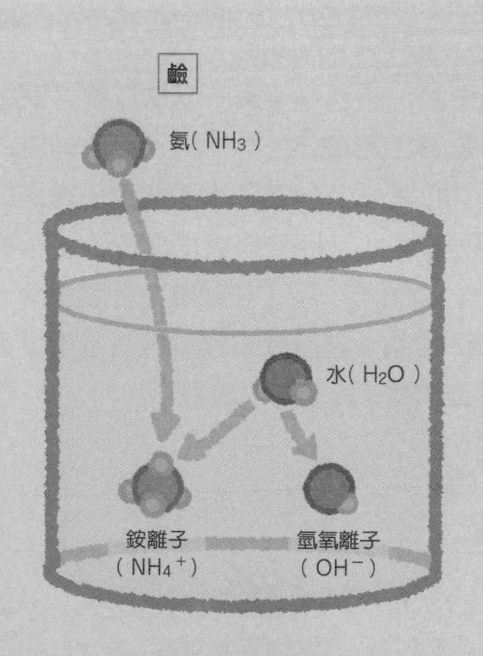

鹼會產生氫氧離子

7 金屬生鏽是氧造成的

金屬生鏽跟「氧化」有關

我們日常生活中常見的金屬生鏽，全都跟稱為「氧化」的現象有關係。何謂氧化？發生在我們生活周遭的氧化，大多數是指物質「與氧原子結合」。在氧氣（O_2）中加熱銅（Cu）時，就會形成氧化銅（CuO）。

紅鐵鏽的本體是氧化鐵

發生於我們生活周遭的生鏽，是稍微複雜一點的反應。鐵被雨水等水分淋溼時，首先會溶出鐵離子（Fe^{2+}）。於此同時，水分子（H_2O）與溶於水中的氧分子（O_2）會跟鐵離子鍵結成紅色的「氫氧化鐵（$Fe(OH)_3$）」。接著氫氧化鐵會跟水中的氧分子反應，形成「氧化鐵（Fe_2O_3）」，並附著在金屬表面。這就是紅鏽的本體。**鐵一旦生鏽，表面就會變得凹凸不平，是因為鐵離子溶出，又產生紅鏽附著於表面的緣故。**

鐵生鏽的化學反應

水中的氧分子跟水分子會搶走鐵的電子，產生出鐵離子（Fe^{2+}）與氫氧離子（OH^-）。剛形成的鐵離子會立刻跟氫氧離子反應，變成紅色的氫氧化鐵（$Fe(OH)_3$），一部分的氫氧化鐵會附著在鐵板上，再度跟氧反應形成氧化鐵（Fe_2O_3）。

1. 鐵變成離子

只要有水附著，鐵就會變成離子。於是，水分子跟氧會接受電子，形成氫氧離子。

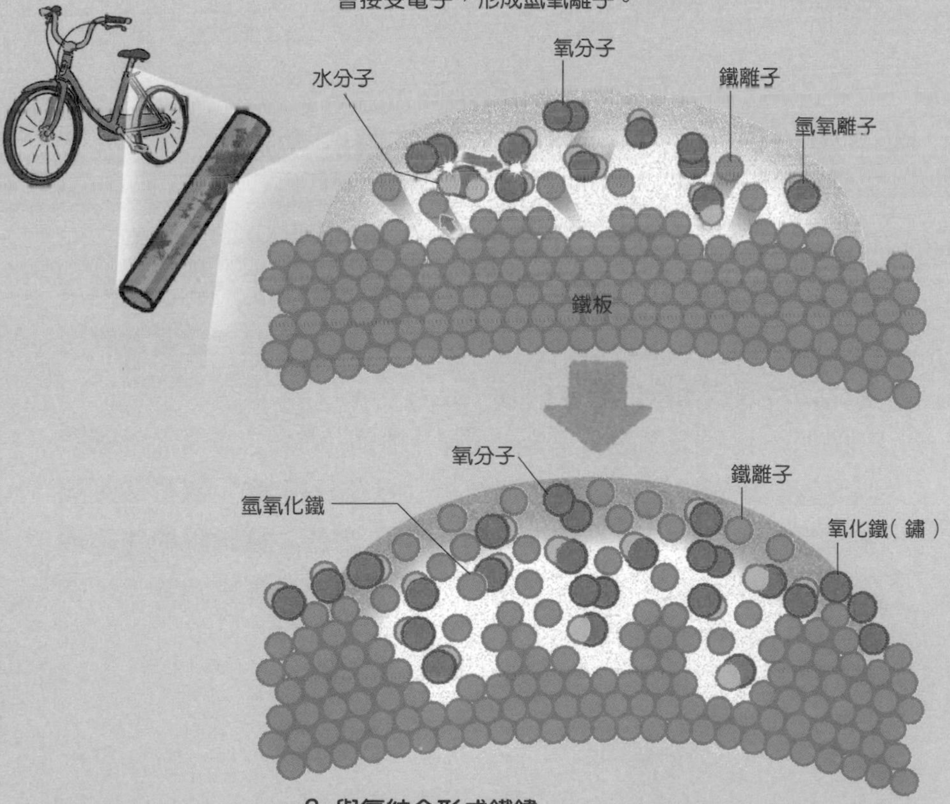

2. 與氧結合形成鐵鏽

鐵離子與氫氧離子會形成氫氧化鐵，將水染紅。接著再跟氧分子反應，形成氧化鐵，成為紅色的鐵鏽。

8 電池是利用金屬的離子

透過金屬之間的電子移動來產生電流

我們的生活少不了電池。**電池的原理，跟金屬容易變成陽離子的程度有關。**電子會從容易變成陽離子的金屬移動至不易變成陽離子的金屬來產生電流。

電子會從帶負電的金屬流至帶正電的金屬

金屬變成陽離子的容易程度會以「離子化傾向」（ionization tendency）作為指標。將離子化傾向由大至小排序的「離子化序列」（ionization series）是考量電池等金屬反應方面很重要的參考資料。

例如，我們來考慮一下鋅（Zn）跟銅（Cu）的情況。**將鋅板與銅板以導線連結，浸入稀硫酸（H_2SO_4）時，易形成陽離子的鋅會釋出電子變成鋅離子並溶出。於是，被釋出的電子會流向不易形成陽離子的銅板側。**如此一來導線就會有電流。這便是電池的基本原理。

離子與電池電極的關係

上圖為離子化傾向由大至小排序的「離子化序列」。只要將離子化傾向較大的鋅與離子化傾向較小的銅放入稀硫酸並以導線連結，就會通電，形成電池（如下圖）。

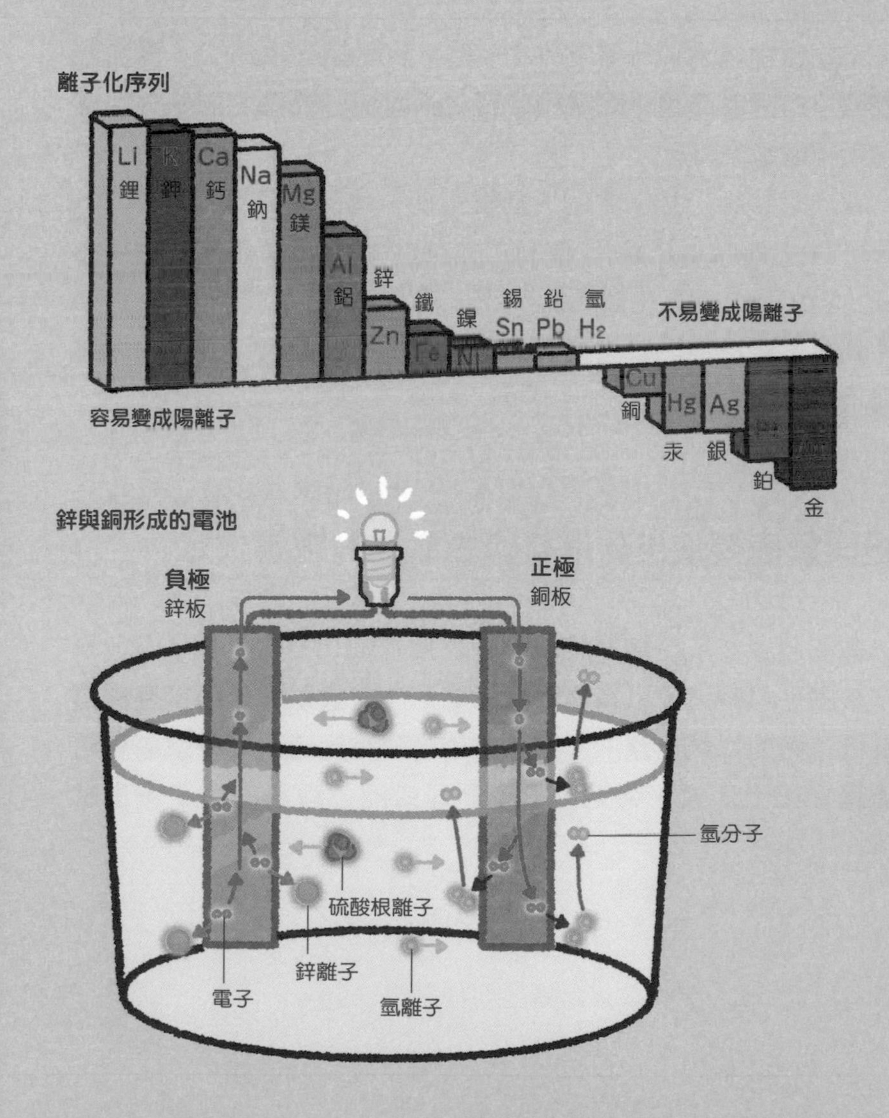

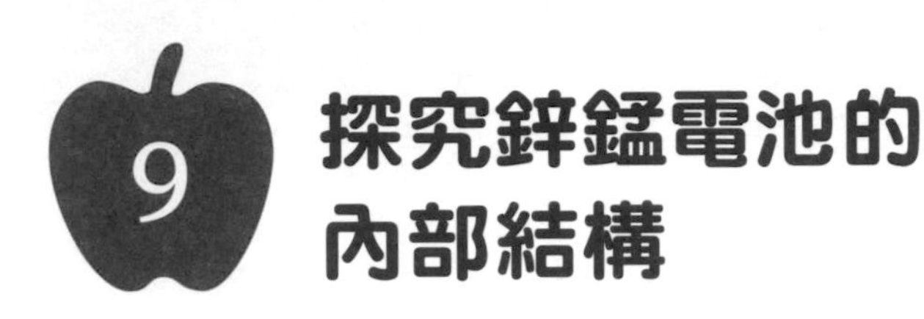

9 探究鋅錳電池的內部結構

釋出電子與接受電子會分別進行

不論哪種電池（化學電池），基本原理都是相同的。**電池會使釋出的電子與接受的電子分別在不同地方進行，並以導線連結兩極讓電流通。**

我們來瞧瞧一般常用的「鋅錳電池」內部結構（如右圖）。鋅（Zn）與二氧化錳（MnO_2）作為電極，電解液則使用氯化鋅（$ZnCl_2$）與氯化銨（NH_4Cl）的水溶液。然後，為使正極與負極不要短路，會設置稱為隔板的隔間讓電無法通過，以隔開正極與負極。

正極與負極要使用什麼材料由電池的電壓決定

電解液會作成黏糊狀物質，並利用二氧化錳與石墨（C）粉末來固化，製造成不易漏液的乾電池。**只要以導線連接負極的鋅與正極的二氧化錳，鋅離子會溶出至電解液，導線就會有電流過。**如上所述，電池的基本原理皆同，都是由離子產生電流。

鋅錳電池

鋅錳電池的負極使用鋅（Zn），正極使用二氧化錳（MnO_2）。負極的鋅會將電子釋於電極並變成鋅離子（Zn^{2+}），電子會從導線流向正極。正極放有一根碳棒，以接收來自二氧化錳的電子。

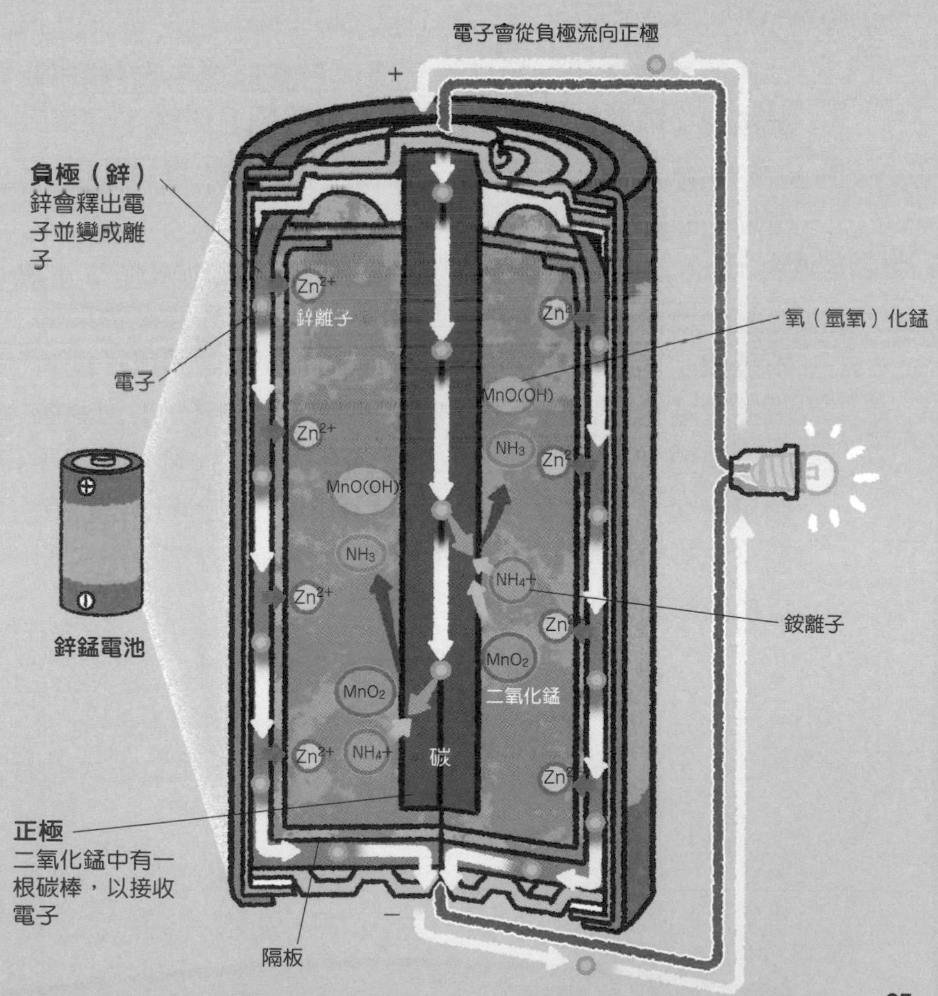

烏賊與章魚的血液是藍色的

循環於人體內的血液是紅色的。但是，並非所有動物的血液都是紅色的，有些動物的血液是藍色的。

人的血液之所以是紅色，是因為紅血球中含有鐵的緣故。從肺部吸取的氧氣會跟血紅素的血質鐵（heme iron）結合，將氧氣輸送至全身。由於血質鐵呈紅色，所以人的血液為紅色。

另一方面，烏賊與章魚從鰓吸取氧氣，但搬運氧氣的不是鐵，而是使用銅。跟蛋白質鍵結的2個銅離子跟氧分子鍵結時，就會變成藍色。因此，令人想像不到烏賊跟章魚的血液竟會是藍色的，彷彿是外星人呢。除了烏賊跟章魚等軟體動物，蝦蟹等甲殼類的血液也是藍色的。另外，氧氣會隨著死亡時間而逐漸脫離銅離子，所以血液顏色會變成半透明。

SURSTRÖMMING

4. 現代社會不可或缺的有機化合物

儘管有機化合物是由碳、氫、氧等少數幾種元素所形成，但據說其種類壓倒性地多於無機化合物。關鍵就在於「碳原子」。本章將會帶領讀者深入了解有機化合物。

研究碳原子構成之物質的有機化學

「取自生物的物質」稱為「有機化合物」

化學大致可分成「無機化學」及「有機化學」二大領域。18世紀後半葉，當時的化學家將取自生物上的東西，包括動物跟植物，或是用這些生物製造出來的酒跟染料，稱為「有機化合物」(organic compound)。除此之外的岩石跟水、鐵、黃金則稱為「無機化合物」(inorganic compound)。

有機化合物的種類遠多於無機化合物

現在已知的118種元素大多會形成無機化合物。無機化合物會因為含有什麼元素、各占多少比例而有特性上的差異。

另一方面，決定有機化合物性質的主要是元素的連接方式。18世紀末，已知有機化合物僅由碳（C）、氫（H）、氧（O）、氮（N）少數幾種的元素所形成。有機化合物的特性差異不在元素的種類，而在於元素的連結方式。研究指出儘管有機化合物僅由極少幾種元素所形成，但其種類卻遠多於無機化合物。其中最重要的就是碳原子。所以，研究由碳組成的各樣物質的化學領域，就稱為「有機化學」。

生活上的有機化合物

日常生活中有大量的有機化合物。每樣有機化合物都以碳為主架構，並由少數幾種元素形成。

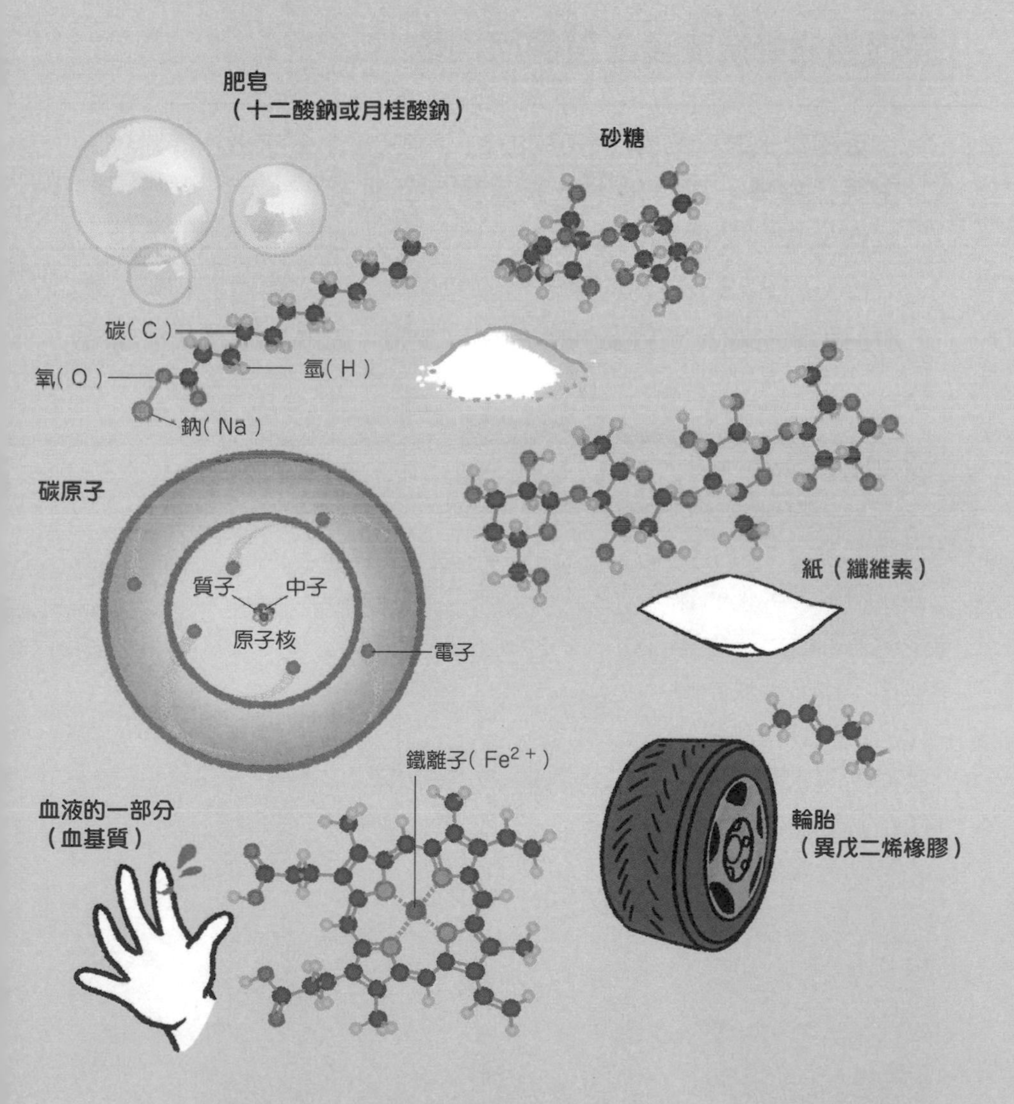

2 19世紀時，有機化合物已被徹底分解

有機物燃燒後會變成氣體而消散

法國化學家拉瓦節（Antoine Lavoisier，1743～1794）主張「物質一直分解下去就會變成元素」。提出這個假說的契機，是由於德國化學家李比希（Justus von Liebig，1803～1873）在內的眾多化學家都開始研究周遭的物質。**當時的化學家認為，只要燃燒有機化合物，並提取其產生的各種**

李比希的元素分析儀器

為了研究有機化合物中所含的碳、氧、氫比例，首先要使有機化合物燃燒。測量此時產生的水蒸氣與二氧化碳重量，就能求出各項元素的比例。

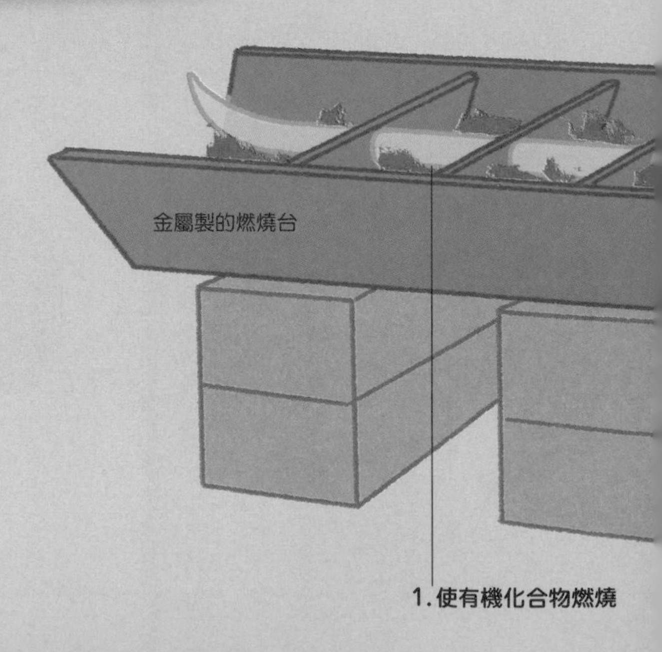

氣體來測量重量，就能求出有機化合物含有的元素比例。但是要滴水不漏地收集燃燒後產生的氣體，並正確測量重量是件很困難的事。

有機化合物的碳、氫、氧比例有無限多種

解決這道難題的，正是李比希。**他於1830年左右發明了一個儀器。用於準確測量有機化合物所含有的碳、氧、氫的比例。**許多化學家都使用這台儀器。

只要使用這台儀器，就能求出多種有機化合物所含的碳、氫、氧占比，如「1：2：1」、「6：10：5」。由於比值各異，人們開始了解到有機化合物有無限多種。

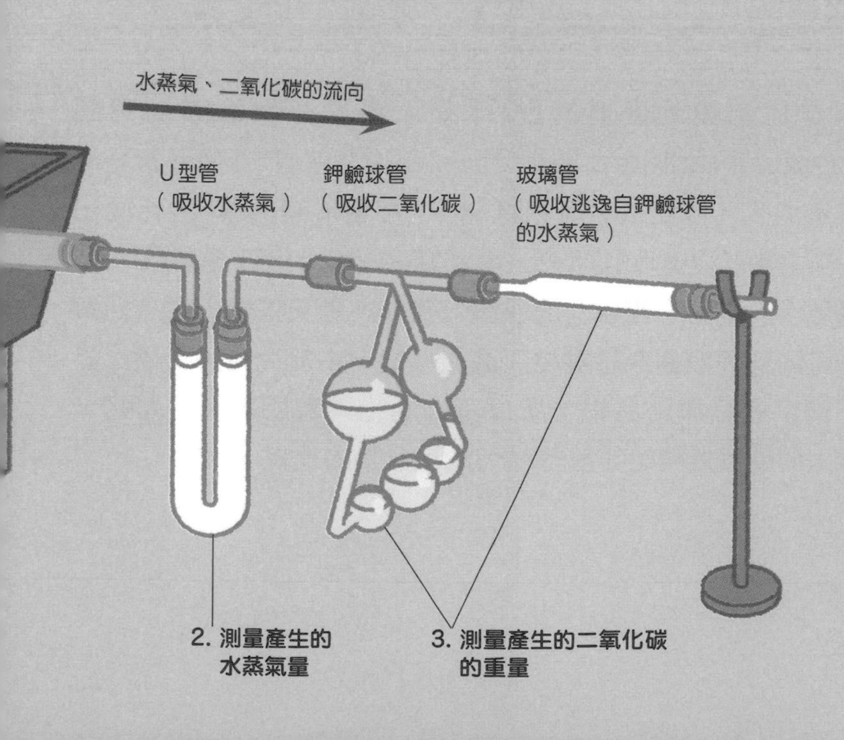

碳的四隻手創造出多彩多姿的有機化合物

化學家推理出許多種分子的形態

透過李比希的儀器，化學家明白有機化合物是由碳等少數幾種元素構成，且有機化合物的元素占比有無限多種組合。因此，**化學家認為碳、氧、氫等原子組合所形成的「分子」形態，是不是跟有機化合物之間相異的特性有關係。**於是，他們推理出許多種分子的形態。

碳有四隻手

自李比希發明儀器的20年後，英國化學家弗蘭克蘭（Edward Frankland，1825～1899）首倡：「原子擁有不同數量的手，彼此以手互相鍵結。」**然後於1858年，德國化學家克古列（August Kekulé，1829～1896）發表了「氧有兩隻手，氫有一隻手」的假說，接著，他又提出「碳有四隻手，可同時跟四個原子鍵結」的新學說。**由於克古列的學說能夠解釋多種有機化合物，所以逐漸為化學家所接受。如此一來，人們慢慢地開始了解多種有機化合物的樣貌。

元素用「手」鍵結

19世紀的化學家認為原子有不同數量的手，並彼此用手互相鍵結。他們推測碳有 4 隻手，氧有 2 隻手，氫有 1 隻手。

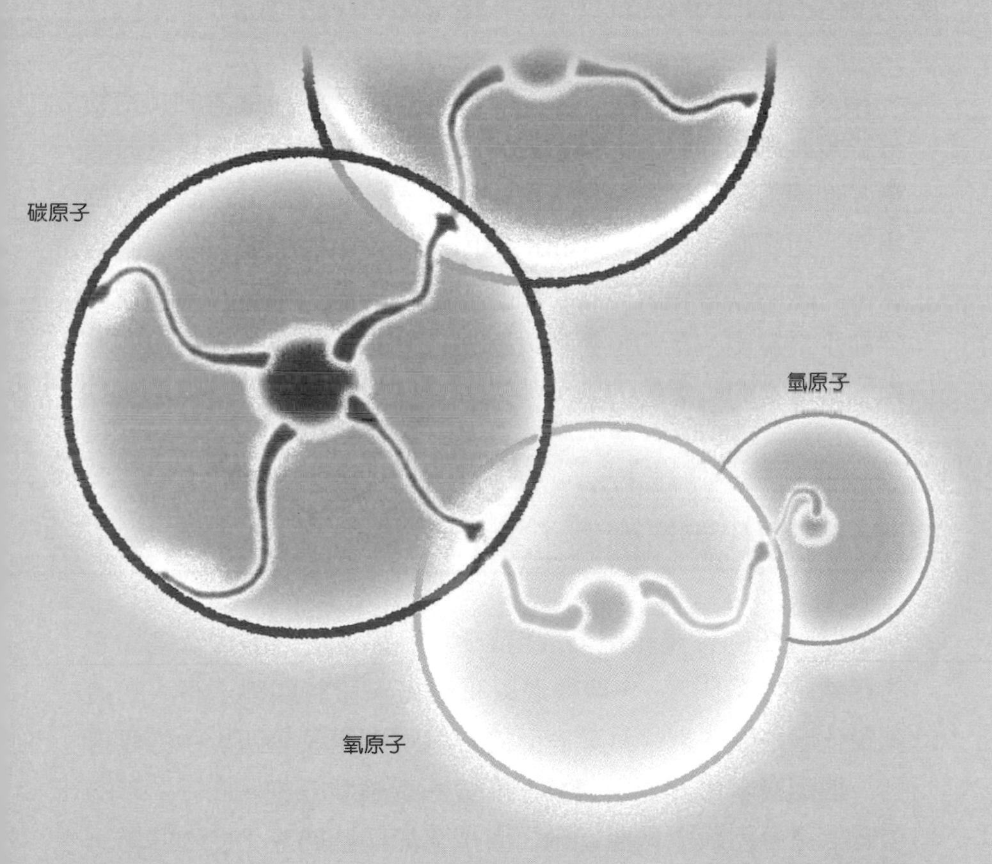

每種元素都有數量固定的手，
它們會使用手來鍵結哦。

碳原子串連成有機化合物的骨架

碳與碳之間的長鏈分子為「脂肪族化合物」

19世紀的化學家在研究有機化合物的過程中，發現到化合物分子有共通的部分。**大多數的分子都是由碳串連成長鏈狀的結構，或是形成環狀的結構。**長鏈的代表性範例為碳之間連成長串的「脂肪族化合物」（aliphatic compounds）分子。脂肪族化合物的碳會提供2隻手給左右兩側的碳，剩下的2隻手會分別跟氫鍵結。氫的位置可以置換成別的原子，碳的長鏈則為有機化合物的「骨架」。

環狀分子的代表範例為「苯」

環狀分子的代表範例發現自19世紀普遍使用的煤氣燈，它的煤氣中含有「苯」，自發現以來有好一段時間都沒有人知道苯是什麼形狀。揭曉其真面目的是發現碳原子有四隻手的克古列，**他認為苯由6個碳連結，形成一個環狀分子。**此外，苯的每個碳還分別跟1個氫鍵結，這個氫如同脂肪族化合物的氫一樣，可以置換成別的原子。

蠟的分子與苯分子

大部分的有機化合物是碳串連成長鏈狀結構或碳連接成環狀的結構。例如，蠟燭的蠟分子呈長鏈狀，而發現自煤氣燈中煤氣的苯分則呈環狀。

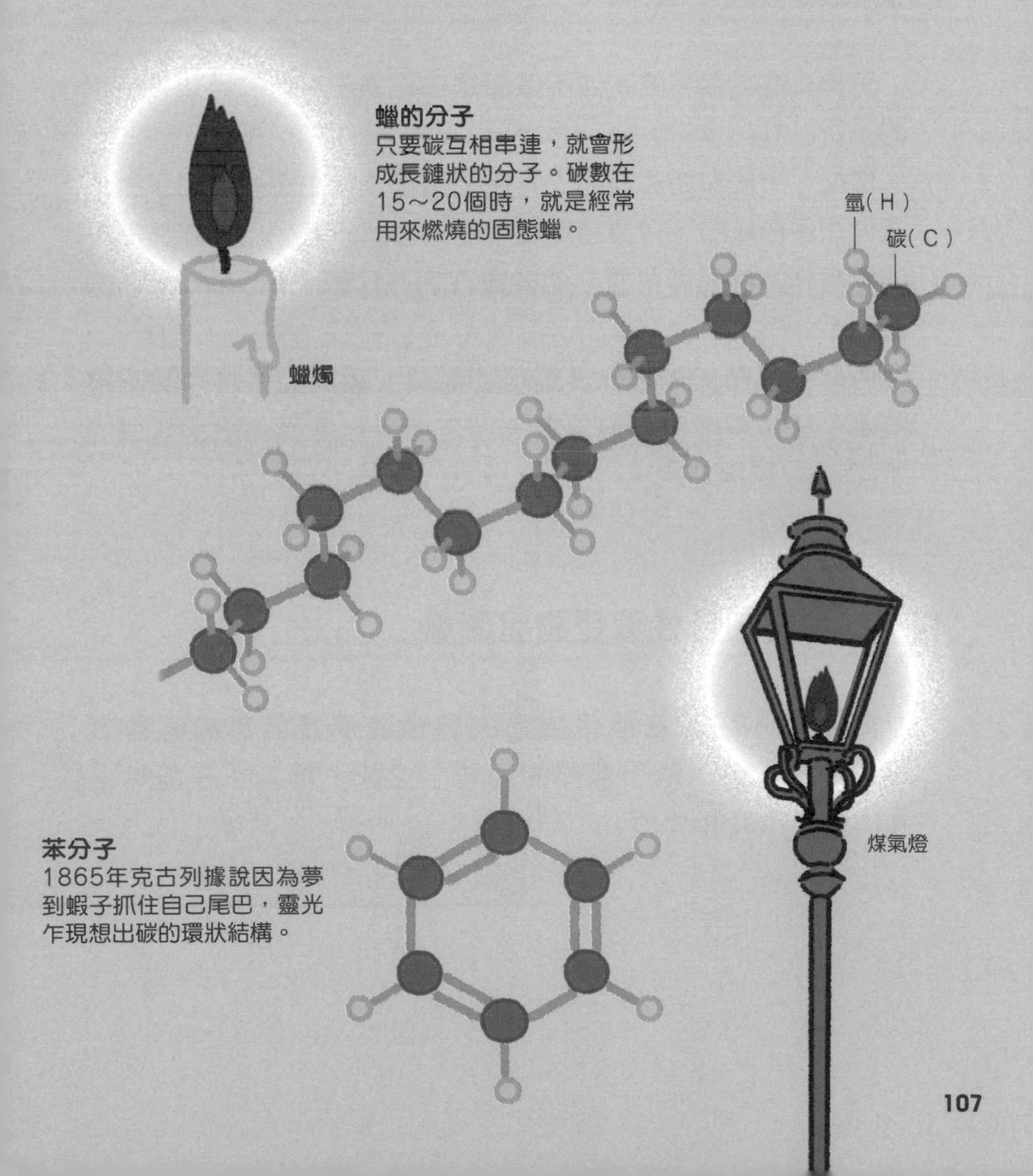

「飾品」決定 有機化合物的特性

羥基的結構與水類似

有機化合物的特性，並不僅僅是由碳原子串連的骨架來決定的。

例如，用於家用瓦斯的「丙烷」氣體，是由三個碳原子跟八個氫原子形成的。只要將丙烷中的一個氫原子，用氧跟氫形成的羥基作為飾品取代時，就會變成名為丙醇（propanol）的液體。

丙醇經常用於化妝品及墨水的原料。**原本的丙烷完全不溶於水，但丙醇卻可以溶於水。**這是因為羥基具有跟水類似的「-O-H」結構之故。

有機化合物的特性會受飾品影響

如上例，顯示有機化合物的特性會深受飾品的影響。這些飾品代表「賦予機能的部位」之意，稱為「官能基」（functional group）。

賦予分子機能的「飾品」

將碳的長鏈加上飾品（官能基）的話，就能讓原本的有機物呈現出完全不同的性質。官能基的種類有很多。

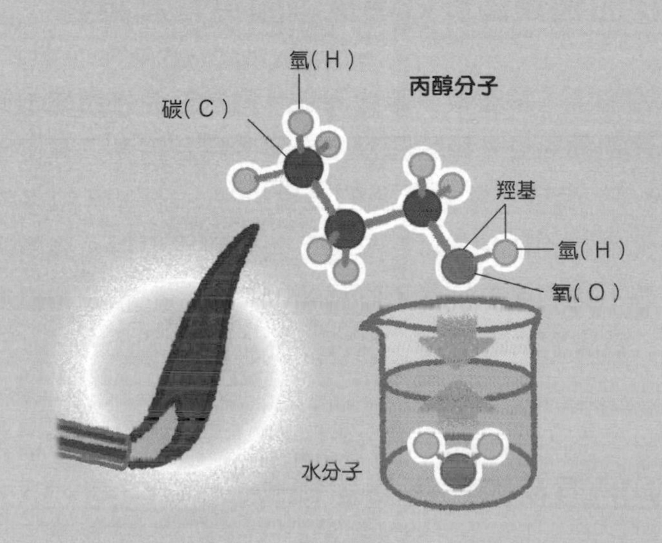

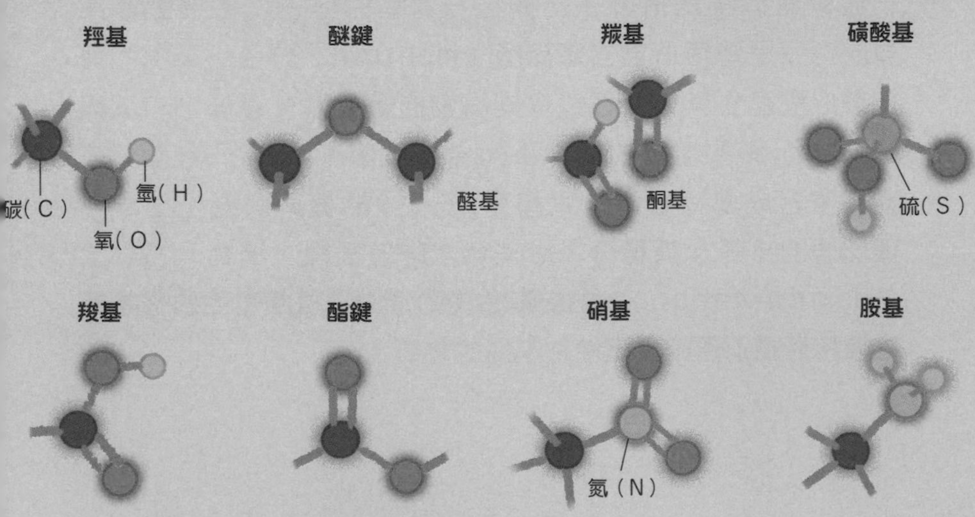

相同的原子種類會形成截然不同的有機化合物

有機化合物的種類會多好幾倍是因為有異構物

有機化合物中，儘管很多都由同種、同數量原子所組成的，但連接方式相異的分子組合非常多。這些組合稱為「異構物」（isomer）。愈是元素數量多的複雜分子，就會有愈多異構物。有機化合物的種類會多好幾倍是因為有異構物。異構物會因分子形態不同而產生許多不同種類，其中，形態最相似的異構物就是「鏡像異構物」（enantiomer）。

生活上常見的薄荷醇是鏡像異構物的例子

鏡像異構物是指分子結構左右對稱的分子。生活上最常見的例子是薄荷所含的薄荷醇（menthol）分子。天然的薄荷草只會產生其中一種鏡像異構物的薄荷醇。這種帶有清爽風味的分子稱為「左旋」（levorotation）。另一方面，在實驗室合成薄荷醇時，大約有2分之1的機率會產生出另一種形態的分子。這種分子跟消毒水味道很像，稱為「右旋」（dextrorotation）。**左旋跟右旋的合成方法跟產生的化學反應等特性幾乎雷同，但卻是不同的物質。**

具代表性的異構物

雖然由相同的元素所構成，但原子的連接方式相異的分子稱為異構物。異構物有很多種類，包括結構異構物及鏡像異構物等。

結構異構物
構成分子的原子數相同，相連方式相異的一組物質，稱為結構異構物。

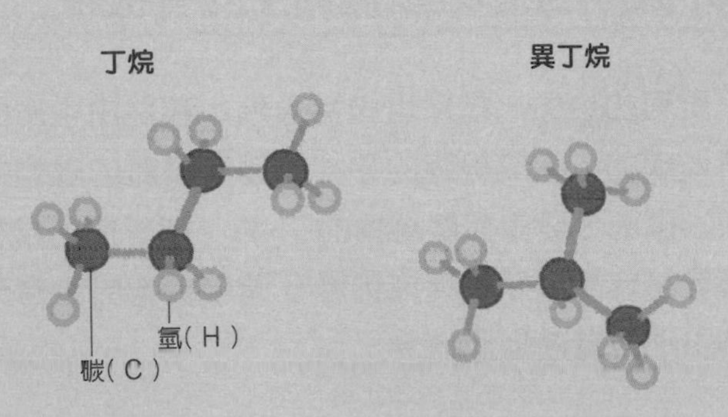

鏡像異構物
如同左手跟右手對稱般，外觀極像但無法重合的一組分子稱為鏡像異構物。

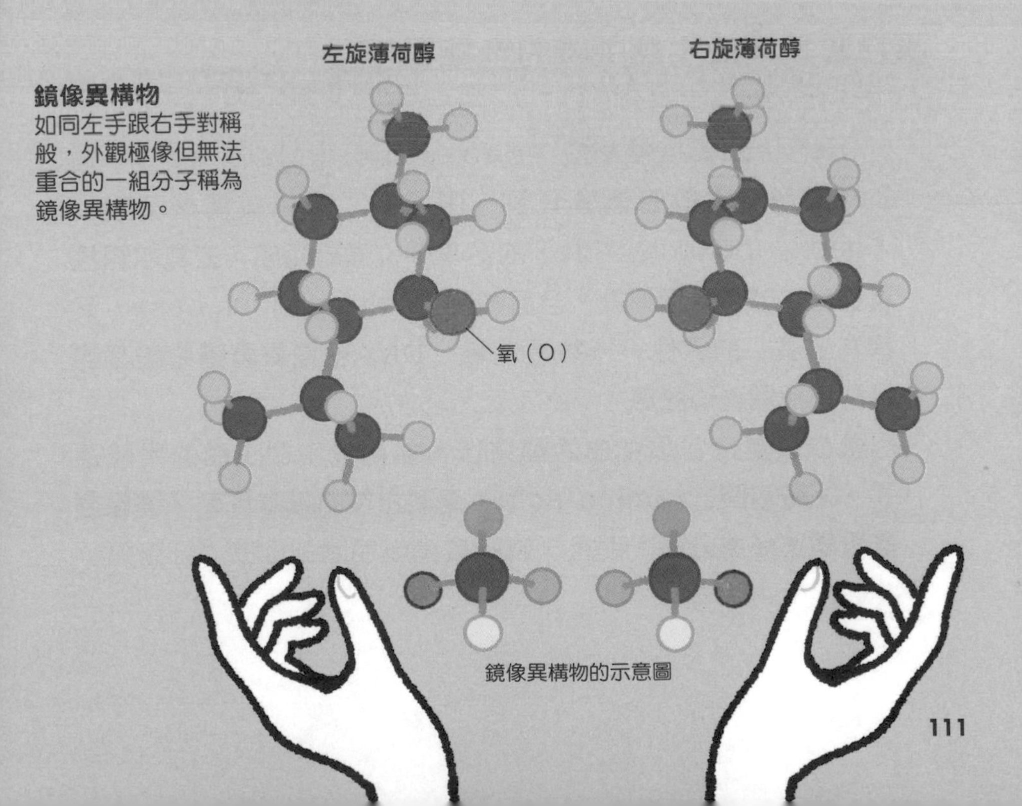

鏡像異構物的示意圖

7 生命的零件以碳為主架構

生命的零件全都是以碳為主的有機物

所有的生命，當然也包括人類，都是由生命的主體「細胞」所形成的。構成細胞的零件是極其複雜的立體結構。形成細胞膜的磷脂、雙重螺旋結構的DNA，都是由如精密機器般的蛋白質等材料組裝起來構成細胞。**這些複雜的生命零件全都是以碳為中心的有機化合物。**

蛋白質是構成生命主體的全能選手

DNA（去氧核糖核酸，deoxyribonucleic acid）是2條螺旋結構般的長鏈分子，由名為「去氧核糖核苷酸」（deoxyribonucleotide）的基本單位連結而成。去氧核糖核苷酸當中含有一種稱為「含氮鹼基」（nitrogenous base，又稱為鹼基）的零件，一共有4種。DNA就是靠著這些鹼基的排列來保留遺傳訊息。

蛋白質是使各項生命活動運作，並構成生命主體的萬能選手。**「胺基酸」（amino acid）是蛋白質的基本單元，會像念珠般串連形成分子。**而且，磷脂會構成包圍細胞的「細胞膜」（cell membrane）。

構成生命零件的主要元素

磷脂、DNA、蛋白質等細胞原料是由碳、氫、氧、氮、硫、磷等數種元素所形成。

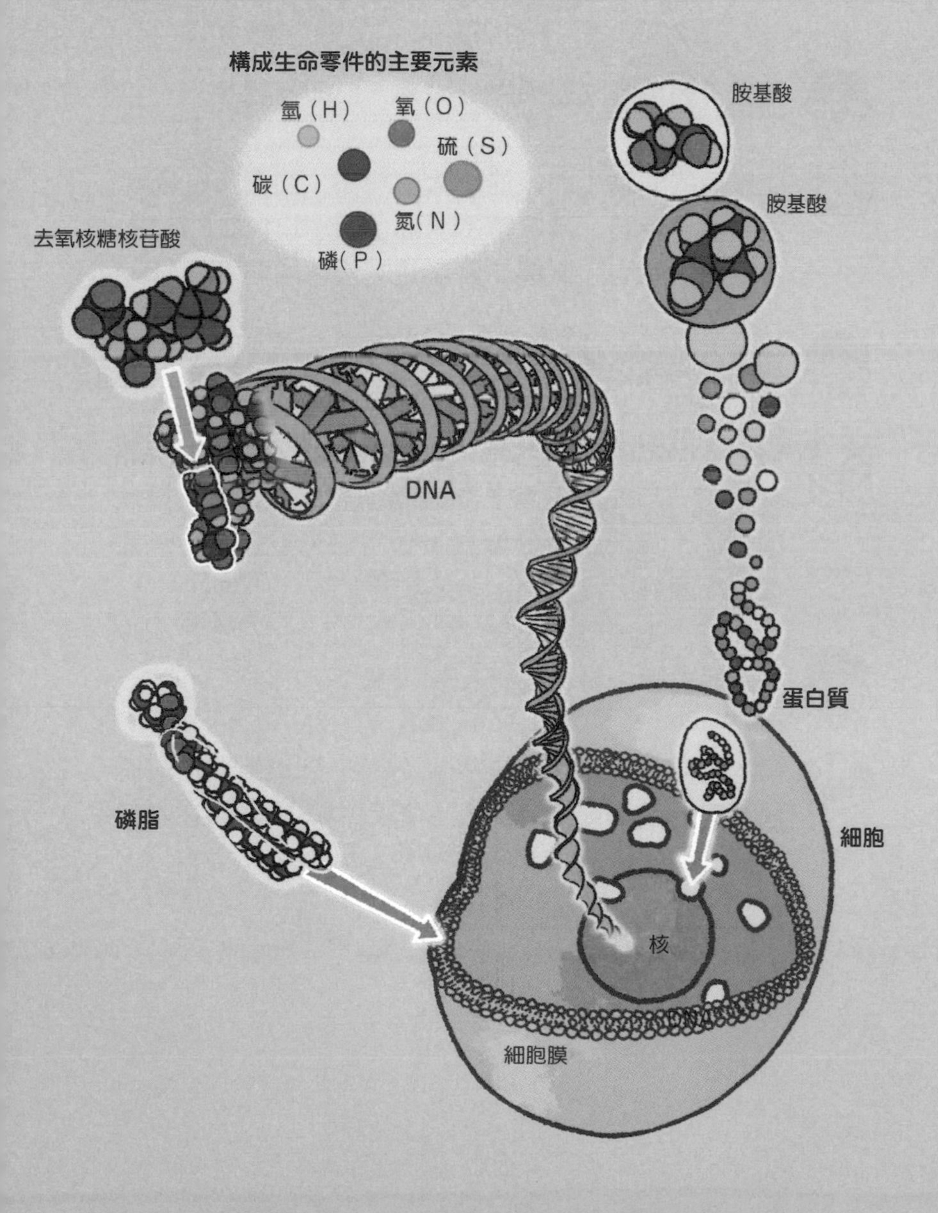

博士！
我有問題!!

鮪魚腹肉為什麼入口即化呢？

博士！鮪魚腹肉壽司為什麼會入口即化呢？

這跟魚的油脂（即魚油）大有關係。油脂可以分成固體的「脂肪」及液體的「油」。例如牛油、豬油為固體的脂肪，橄欖油跟麻油為液體的油。

油還分這麼多種類啊～

沒錯。固體的脂肪含有較多直鏈狀的分子，很容易聚集在一起形成固體。而液體的油含有較多支鏈狀的分子。支鏈狀分子聚集後還是會有空隙，所以難以形成固體。

這跟鮪魚腹肉融化有什麼關係嗎？

魚的油脂含有豐富的支鏈狀分子，所以難以形成固體。因此鮪魚腹肉會融化，是因為魚的油脂在常溫下是液體的緣故。

名稱怪異的有機化合物

很多有機化合物的名字很有趣，在此介紹幾個例子給讀者。

「奈米小人」（nanoputian）是類似人形的有機化合物。聽說奈米小人這個名稱命名自代表10億分之一公尺的「奈米」，以及在《格列佛遊記》中登場的小人國居民「利利普」之名。順帶一提，奈米小人的「身高」約 2 奈米。

「企鵝酮」是分子式為 $C_{10}H_{14}O$ 的有機化合物。該平面的結構式近似企鵝因此得名。此外，「阿波舞環」是一種環狀的有機化合物。聽說該環狀很像跳日本德島縣阿波舞的人群，故得此名。不論什麼名字，都能感受到發現有機化合物或合成有機化合物的化學家，對有機化合物的熱情。

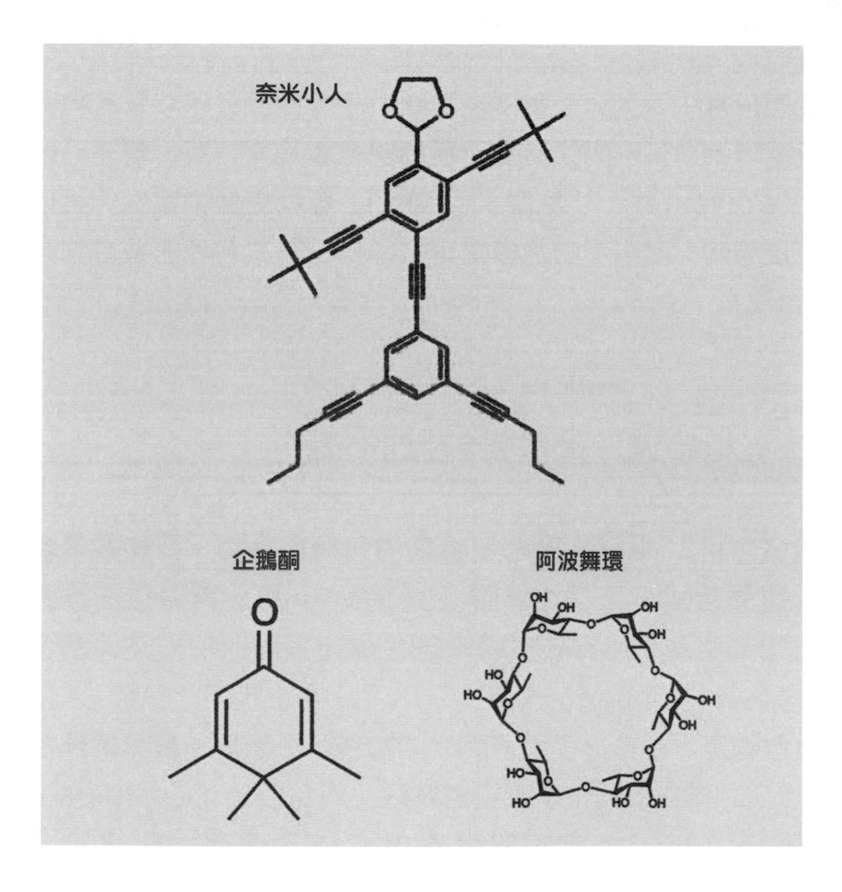
奈米小人
O
O
企鵝酮
O
阿波舞環
OH
OH
OH
OH
HO
HO
OH
OH
HO
HO
HO
OH

8 有機化合物打造我們的生活

寶特瓶是由長鏈狀分子構成

我們日常生活上有很多由長鏈狀分子，即高分子「聚合物」（polymer）所形成的物品。包括塑膠袋及寶特瓶，或是「聚酯」（polyester）、「尼龍」（nylon）等都是個中案例。其他還有接著劑、耐高壓的水槽壁等，都是由各式各樣的聚合物原料製成的。

小分子互相串連，形成長鏈狀的分子

聚合物是20世紀人類創造出來的有機化合物。**要產生聚合物，得先合成小分子（單體，monomer），再將這多達數萬～數十萬個單體分子互相串連，做出長鏈狀的分子（聚合物）。**另外，「mono」代表「1」，「poly」代表「多數」。所以聚合物是「由多分子串連而成的物質」的意思。最早的聚合物是1931年由美國化學家柯洛塞茲（Wallace Carothers，1896～1937）首次於世界上合成了橡膠（聚氯平，polychloroprene），同樣地柯洛塞茲在1935年合成了全球知名的第一個合成纖維，名為「尼龍」。

聚氯平與尼龍

柯洛塞茲於1931年成功做出世界上第一個人造橡膠「聚氯平」。4 年後，柯洛塞茲又發明了「尼龍」。

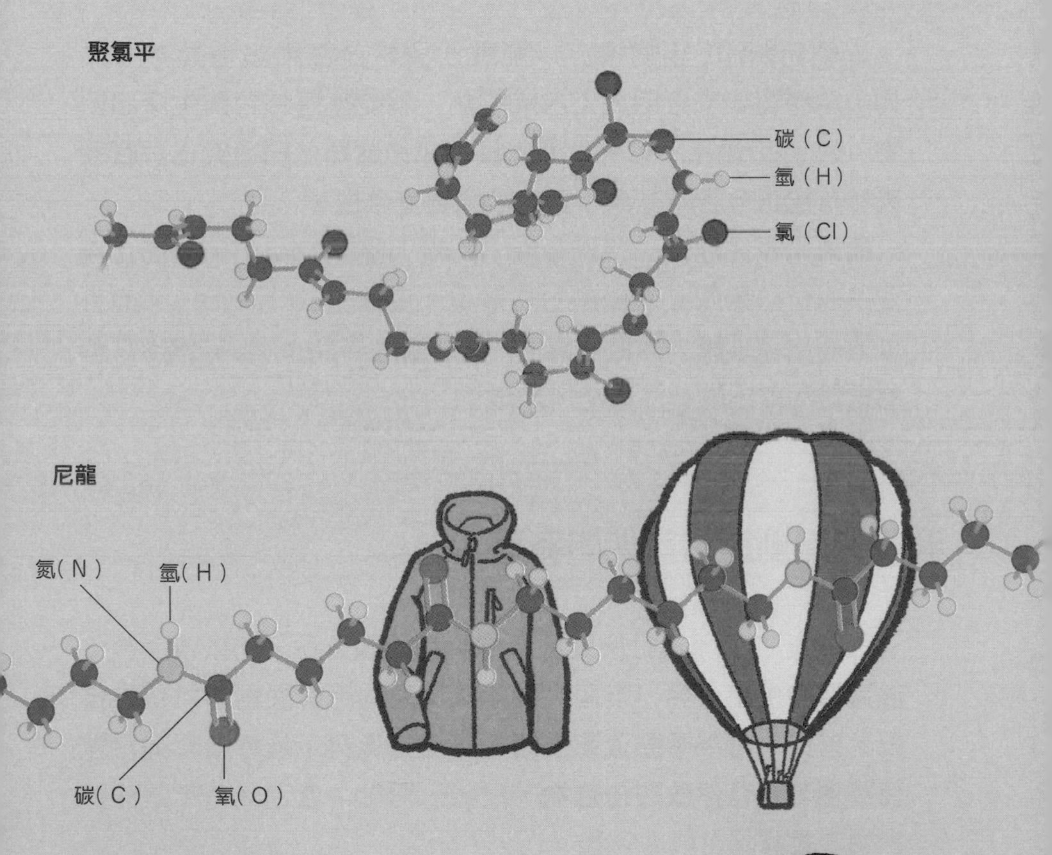

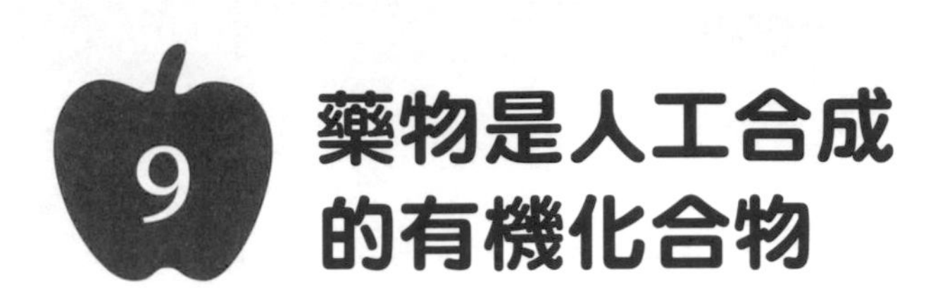

9 藥物是人工合成的有機化合物

已有許多種有機化合物用實驗合成

人們自3500年的遠古以前就已發現並使用多種藥草。假如，能將有效成分用人工合成的話，就能在短時間內生產出藥物。**到了20世紀，有機化學發展愈來愈成熟，已研究出許多種天然有機化合物的結構，且可於實驗室合成。**

最具代表性的例子就是名為「阿斯匹靈」（aspirin）的止痛藥跟對付熱帶傳染病瘧疾的特效藥「奎寧」（quinine）。而且以近期例子來說，治療流感的「克流感」（Tamiflu）是從八角的果實萃取出的分子重組所製成的。

利用電腦創造出可能的新藥

20世紀的藥學流行研究源自生物的藥物分子，加以改良後，於實驗室生產。另一方面，近年來興起利用電腦創造新藥的技術。首先，**可在電腦上蒐集既有藥品的資料，依據資料列出數百萬種可能有療效的化合物。**然後，再從中鎖定最有希望的化合物，並實際合成做實驗。

柳苷與阿斯匹靈

自古以來人們就已經會使用柳樹的樹皮當止痛劑。柳苷是萃取自柳樹樹皮的止痛成分，阿斯匹靈即是改良自柳苷的藥物。

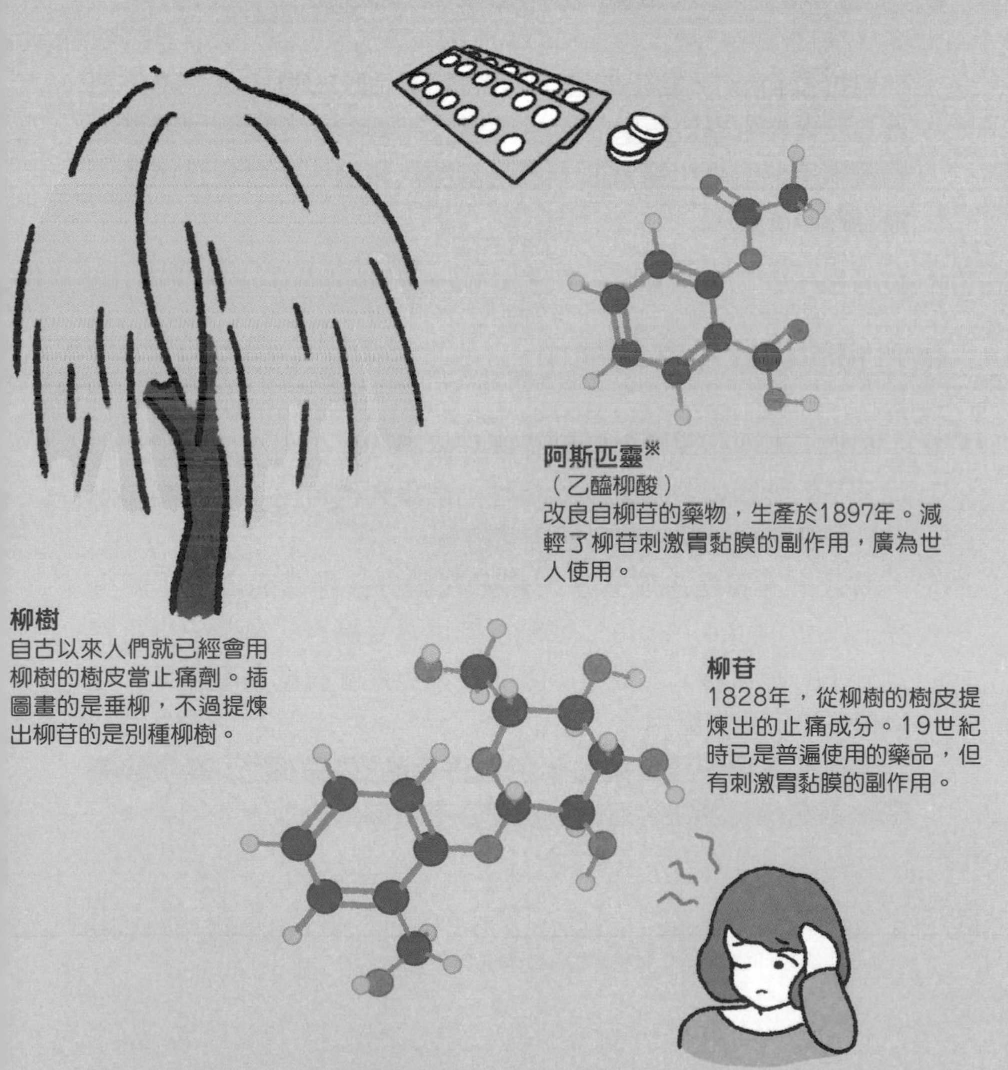

※「阿斯匹靈」是德國拜耳藥品公司的註冊商標

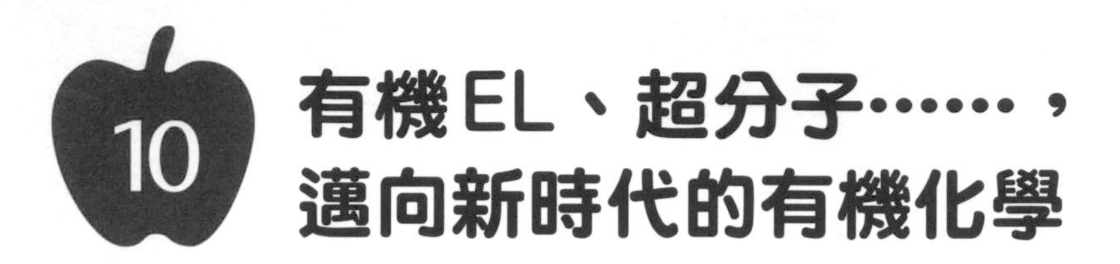

10 有機EL、超分子……，邁向新時代的有機化學

各式各樣的物質已應用於有機化學方面

自拉瓦節於18世紀末提出元素說起，到19世紀這100年間確立了有機化學這門學問。**後來邁入20世紀，已將各式各樣的物質應用於有機化學方面，包括塑膠之類的石化產品及藥品、液晶顯示器等。**

化合物的數量仍在增加中

未來，有機化學會發展到什麼程度呢？以目前來說，用電腦從分子的結構去預測分子的特性，或是先帶有目的性，將預測的分子實際合成出來都已逐漸可行。

而且，不僅是合成分子，將好幾個分子組合而成的「超分子」（supramolecule）化學領域也備受矚目。發明只鎖定特定分子的偵測器，或是將微量的藥物包進膠囊抵達患部等，可以做多項方面的應用。

至目前為止，已發表的化合物已超過2.1億個※，其中約有63%是有機化合物。這個數量現在還持續增加中。

※：採計自註冊於研究機關（Chemical Abstracts Service，CAS）的註冊件數，包括天然存在的物質跟在實驗室合成出來的物質。

20世紀蓬勃發展的有機化學

經過了20世紀，有機化學進步到藥品、石化產品、電氣產品等領域。在此舉例做說明。

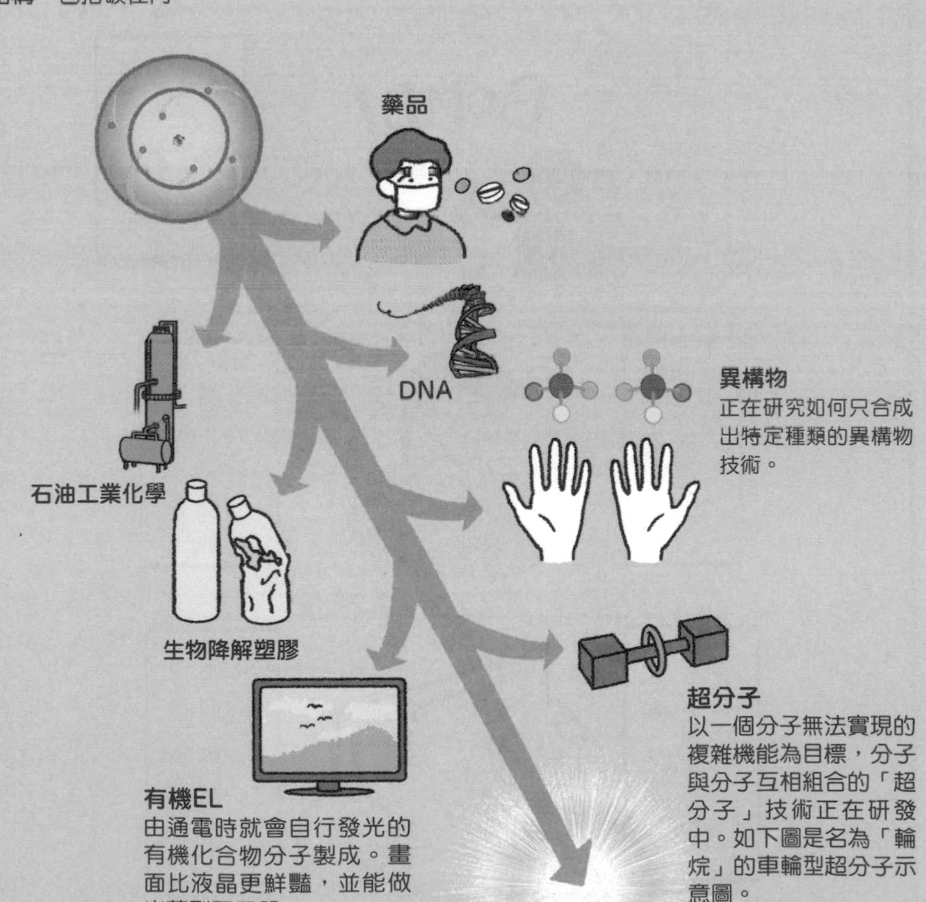

有機化學的創始人：李比希

1803年、李比希出生於德國達姆施塔特藥物大盤商家庭，是10個小孩中的第2個男孩

他自幼就對化學就很有興趣，但是不喜歡讀書，所以學校成績很差

他自己調配出來的雷酸汞（炸藥）在學校爆炸，因此被退學

雖然經歷不少風波，他還是獲得獎學金並留學巴黎大學

李比希22歲成為德國吉森大學最年輕的教授

他將研究領域轉向生物化學，成功開發出化學肥料

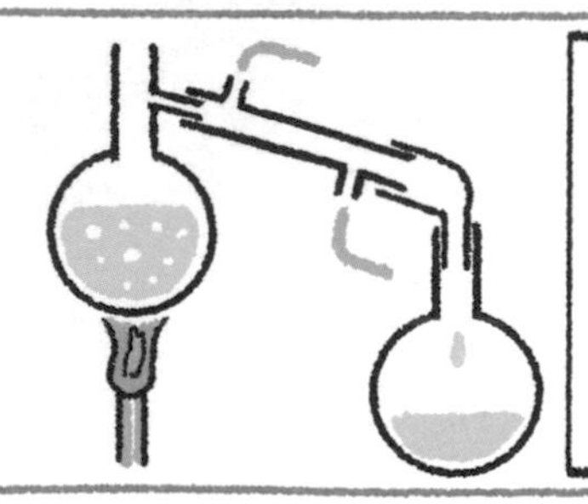

他所發明的實驗用冷凝器名為「李比希冷凝器」

有機化學的創始人：烏勒

烏勒是李比希的好友兼合作研究伙伴

當時普遍認為，有機化合物不可能產自無機化合物

但烏勒成功地將無機化合物合成有機化合物的尿素

因為這項成果，得到「有機化學之父」的稱號

日本牛頓授權新系列！

Galileo
觀念伽利略02

118種元素全解析
週期表

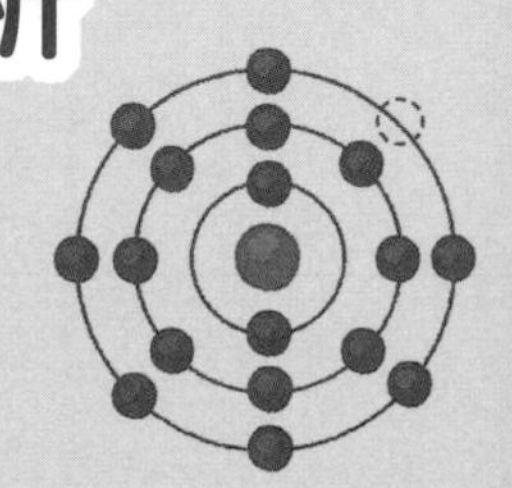

2021 年 8 月出版／定價：320 元／翻譯：林筑茵／
ISBN：978-986-461-254-3

從門得列夫於1869年發布週期表至今，大約過了150年，週期表填上了許多新的元素，但仍無出其右，可見門得列夫為此奠立了相當厚實的基礎。而想要學好化學，就要先了解化學的根本——元素的特性。本書先介紹週期表的由來，以及原子的構造等基礎知識，先讓讀者了解怎麼解讀週期表後，再依序介紹每個元素的特徵及用途，週期表不再只是冷冰冰的數字與符號，而可以實際感受到，化學就在我們生活周遭。

本書穿插四格漫畫及插圖，以輕鬆的方式讓學生能輕鬆入本，一起來快樂學118種元素吧！

一起來學週期表吧！

主要內容

1. 週期表到底是什麼？

由卡牌遊戲誕生的週期表，在這150年間增加了許多新的元素，已經有118種了！

2. 一起來解讀週期表吧！

週期表的排列方式取決於電子
無法保存在空氣中，活性強烈的「第1族元素」
無論跟什麼都不容易產生反應的「第18族元素」
搭配週期表更容易記住

3. 依序介紹118種元素的特性

吸進氦氣為什麼會使聲音產生變化？
價格最貴的元素竟然不是「金」？！
鹽不是含有鈉嗎，為什麼「低鈉鹽」可以減少鈉？

【 觀念伽利略 01 】

化學
生活中的基礎化學

作者／日本Newton Press
編輯顧問／吳家恆
特約主編／王原賢
翻譯／林筑茵
編輯／林庭安
商標設計／吉松薛爾
發行人／周元白
出版者／人人出版股份有限公司
地址／231028 新北市新店區寶橋路235巷6弄6號7樓
電話／（02）2918-3366（代表號）
傳真／（02）2914-0000
網址／www.jjp.com.tw
郵政劃撥帳號／16402311 人人出版股份有限公司
製版印刷／長城製版印刷股份有限公司
電話／（02）2918-3366（代表號）
經銷商／聯合發行股份有限公司
電話／（02）2917-8022
第一版第一刷／2021年8月
定價／新台幣320元
港幣107元

國家圖書館出版品預行編目（CIP）資料

化學：生活中的基礎化學 / 日本Newton Press作；
林筑茵翻譯. -- 第一版. --
新北市：人人出版股份有限公司, 2021.08
面； 公分. —（觀念伽利略；1）
ISBN 978-986-461-253-6（平裝）
1.化學

340 110011324

Staff

Editorial Management	木村直之
Editorial Staff	井手 亮
Cover Design	岩本陽一
Editorial Cooperation	株式会社 キャデック（四方川めぐみ）

Illustration

表紙	岡田悠梨乃
3~7	岡田悠梨乃
11	Newton Press，岡田悠梨乃
14~17	Newton Press
19	Newton Press，岡田悠梨乃
21	Newton Press
22-23	Newton Press，岡田悠梨乃
25	岡田悠梨乃
27	Newton Press
29	岡田悠梨乃
31~35	Newton Press
37	岡田悠梨乃
41~43	岡田悠梨乃
45	岡田悠梨乃
47	岡田悠梨乃
48-49	Newton Press
51	Newton Press
52~55	Newton Press，岡田悠梨乃
56~58	岡田悠梨乃
61	Newton Press
63	Newton Press，岡田悠梨乃
65	Newton Press
66-67	Newton Press，岡田悠梨乃
69	岡田悠梨乃
71~83	Newton Press
85~86	岡田悠梨乃
89~99	Newton Press
101	岡田悠梨乃
103	Newton Press
105	小林稔さんのイラストをもとに岡田悠梨乃が作成，岡田悠梨乃
106-107	Newton Press，岡田悠梨乃
109~112	岡田悠梨乃
115~123	Newton Press
125	岡田悠梨乃
126-127	Newton Press